机遇
的抉择

JIYU DE JUEZE

人生大学讲堂书系

人生大学活法讲堂

拾月 主编

主　编：拾　月
副主编：王洪锋　卢丽艳
编　委：张　帅　车　坤　丁　辉
　　　　李　丹　贾宇墨

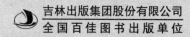
吉林出版集团股份有限公司
全国百佳图书出版单位

图书在版编目（CIP）数据

机遇的抉择 / 拾月主编. -- 长春：吉林出版集团股份有限公司，2016.2（2022.4重印）

（人生大学讲堂书系）

ISBN 978-7-5581-0740-5

Ⅰ.①机… Ⅱ.①拾… Ⅲ.①成功心理－青少年读物 Ⅳ.①B848.4-49

中国版本图书馆CIP数据核字（2016）第041337号

JIYU DE JUEZE

机遇的抉择

主　　编	拾　月	
副 主 编	王洪锋　卢丽艳	
责任编辑	杨亚仙	
装帧设计	刘美丽	

出　　版　吉林出版集团股份有限公司
发　　行　吉林出版集团社科图书有限公司
地　　址　吉林省长春市南关区福祉大路5788号　邮编：130118
印　　刷　鸿鹄（唐山）印务有限公司
电　　话　0431-81629712（总编办）　0431-81629729（营销中心）
抖 音 号　吉林出版集团社科图书有限公司　37009026326

开　　本　710 mm×1000 mm　1 / 16
印　　张　12
字　　数　200 千字
版　　次　2016 年 3 月第 1 版
印　　次　2022 年 4 月第 2 次印刷

书　　号　ISBN 978-7-5581-0740-5
定　　价　36.00 元

"人生大学讲堂书系" 总前言

昙花一现，把耀眼的美只定格在了一瞬间，无数的努力、无数的付出只为这一个宁静的夜晚；蚕蛹在无数个黑夜中默默地等待，只为了有朝一日破茧成蝶，完成生命的飞跃。人生也一样，短暂却也耀眼。

每一个生命的诞生，都如摊开一张崭新的图画。岁月的年轮在四季的脚步中增长，生命在一呼一吸间得到升华。随着时间的推移，我们渐渐成长，对人生有了更深刻的认识：人的一生原来一直都在不停地学习。学习说话、学习走路、学习知识、学习为人处世……"活到老，学到老"远不是说说那么简单。

有梦就去追，永远不会觉得累。——假若你是一棵小草，即使没有花儿的艳丽，大树的强壮，但是你却可以为大地穿上美丽的外衣。假若你是一条无名的小溪，即使没有大海的浩瀚，大江的奔腾，但是你可以汇成浩浩荡荡的江河。人生也是如此，即使你是一个不出众的人，但只要你不断学习，坚持不懈，就一定会有流光溢彩之日。邓小平曾经说过："我没有上过大学，但我一向认为，从我出生那天起，就在上着人生这所大学。它没有毕业的一天，直到去见上帝。"

人生在世，需要目标、追求与奋斗；需要尝尽苦辣酸甜；需要在失败后汲取经验。俗话说，"不经历风雨，怎能见彩虹"，人生注定要九转曲折，没有谁的一生是一帆风顺的。生命中每一个挫折的降临，都是命运驱使你重新开始的机会，让你有朝一日苦尽甘来。每个人都曾遭受过打击与嘲讽，但人生都会有收获时节，你最终还是会奏响生命的乐章，唱出自己最美妙的歌！

正所谓，"失败是成功之母"。在漫长的成长路途中，我们都会经历无数次磨炼。但是，我们不能气馁，不能向失败认输。那样的话，就等于抛弃了自己。我们应该一往无前，怀着必胜的信念，迎接成功那一刻的辉煌……

感悟人生，我们应该懂得面对，这样人生才不会失去勇气……

感悟人生，我们应该知道乐观，这样生活才不会失去希望……

感悟人生，我们应该学会智慧，这样在社会上才不会迷失……

本套"人生大学讲堂书系"分别从"人生大学活法讲堂""人生大学名人讲堂""人生大学榜样讲堂""人生大学知识讲堂"四个方面，以人生的真知灼见去诠释人生大学这个主题的寓意和内涵，让每个人都能够读完"人生的大学"，成为一名"人生大学"的优等生，使每个人都能够创造出生命中的辉煌，让人生之花耀眼绚丽地绽放！

作为新时代的青年人，终究要登上人生大学的顶峰，打造自己的一片蓝天，像雄鹰一样展翅翱翔！

"人生大学活法讲堂"丛书前言

　　"世事洞明皆学问，人情练达即文章。"可见，只有洞明世事、通晓人情世故，才能做好处世的大学问，才能写好人生的大文章。特别是在我们周围，已经有不少成功的人，他们以自己取得的骄人成绩向世人证明：人在生活面前从来就不是弱者，所有人都拥有着成就大事的能力和资本。他们成功的为人处世经验，是每个追求幸福生活的有志青年可以借鉴和学习的。

　　幸运不会从天而降。要想拥有快乐幸福的人生，我们就要选择最适合自己的活法，活出自己与众不同的精彩。

　　事实上，每个人在这个世界上生存，都需要选择一种活法。选择了不同的活法，也就选择了不同的人生归宿。处事方式不当，会让人在社会上处处碰壁，举步维艰；而要想出人头地，顶天立地地活着，就要懂得适时低头，通晓人情世故。有舍有得，才能享受精彩人生。

　　奉行什么样的做人准则，拥有什么样的社交圈子，说话办事的能力如何……总而言之，奉行什么样的"活法"，就有着什么样的为人处世之道，这是人生的必修课。在某种程度上，这决定着一个人生活、工作、事业等诸多方面所能达到的高度。

　　人的一生是短暂的，匆匆几十载，有时还来不及品味就已经一去不复返了。面对如此短暂的人生，我们不禁要问：幸福是什么？狄慈根说："整个人类的幸福才是自己的幸福。"穆尼尔·纳素夫说："真正的幸福只有当你真正地认识到人生的价值时，才能体会到。"不管是众人的大幸福，还是自己渺小的个人幸福，都是我们对于理想生活的一种追求。

　　要想让自己获得一个幸福的人生，首先就要掌握一些必要的为人处世经验。如何为人处世，本身就是一门学问。古往今来，但凡有所成就之人，无论其成就大小，无论其地位高低，都在为人处世方面做得非常漂亮。行走于现代社会，面对激烈的竞争，面对纷繁复杂的社会关系，只有会做人，会做事，把人做得伟岸坦荡，把事做得干净漂亮，才会跨过艰难险阻，成就美好人生。

那么，在"人生大学"面前，应该掌握哪些处世经验呢？别急，在本套丛书中你就能找到答案。面对当今竞争激烈的时代，结合个人成长过程中的现状，我们特别编写了本套丛书，目的就是帮助广大读者更好地了解为人处世之道，可以运用书中的一些经验，为自己创造更幸福的生活，追求更成功的人生。

本套丛书立足于现实，包含《生命的思索》《人生的梦想》《社会的舞台》《激荡的人生》《奋斗的辉煌》《窘境的突围》《机遇的抉择》《活法的优化》《慎独的情操》《能量的动力》十本书，从十个方面入手，通过扣人心弦的故事进行深刻剖析，全面地介绍了人在社会交往、事业、家庭等各个方面所必须了解和应当具备的为人处世经验，告诉新时代的年轻朋友们什么样的"活法"是正确的，人要怎么活才能活出精彩的自己，活出幸福的人生。

作为新时代的青年人，你应该时时翻阅此书。你可以把它看作一部现代社会青年如何灵活处世的智慧之书，也可以把它看作一部青年人追求成功和幸福的必读之书。相信本套丛书会带给你一些有益的帮助，让你在为人处世中增长技能，从而获得幸福的人生！

第1章　揭开机遇的神秘面纱

第2章　机遇为谁而准备

第3章　好人缘带来好机遇

第4章 把握机遇 做时代的强者

第6章　选择机遇　做命运的主人

第 1 章

揭开机遇的神秘面纱

从古至今，命运似乎和机遇密切相关。很多人发出感叹：有的人辛苦一辈子，最终却连一间像样的房子也买不起；有的人才华出众，一生却只能在贫困线上挣扎；有的人不学无术，却也能混个满身铜臭。为什么这些人会有这样大的差别呢？最主要的原因就是有的人有机遇的眷顾，有的人却缺少改变命运的机遇。

第一节　改变人生的神奇机遇

究竟什么叫作机遇？想要发现机遇，首先要弄清机遇的本质。

在现实生活中，人们把科学工作者有意识、有计划、有目的地进行某项观察，实验时的偶然发现，称为机遇；把某个人得到贵人的提携或是在困境中遇到转折点，从此走上成功之路的现象，称之为机遇；把在政治、军事、文化等活动中出现的起带动促进作用的新情况也称为机遇。

由此可见，机遇广泛地存在于各个领域中。一旦发现了它，并且抓住它，它就会带给你丰厚的回报。

对中国先富起来的人来说，假如没有改革开放的政策，他们即便个个智比孔明、勇赛子龙也不能致富。这个改革开放的政策就是他们最大的机遇。看到了这个机遇并及时抓住的人大多数都成功了，看不到机遇的人生活就没有太大的转变和起色，这就是机遇的重要性。一个机遇可以改变一个人的人生走向，甚至能改变几亿人或几代人的命运。

然而，能够看到机遇的人终究是少数，这就是机遇可贵的原因了。事实上机遇并不是那么难测，它的奥秘也不像许多人想象的那么神秘深远。机遇其实时不时地会出现在你身边，在你伸手可及的地方。

机遇是一种普遍而客观的存在，它并不是命中注定要被某一个或某几个人发现的。头脑聪明、心思缜密的人在一般事物中就可以发现许多的机遇，而对凡事马马虎虎的人来说却怎么也找不到。

沙发里的机遇

机遇就是人生道路上最关键的那几步，它通过这种方式改变人们的一生。

一次偶然的机遇，还在新婚中的罗忠福在废旧汽车里发现了软车座的构造和沙发十分类似，而那时他正为跑遍全市买不到沙发而发愁。他看到沙发的原理不过就是几个弹簧上有一个坐垫而已。罗忠福是个钳工，对他而言做一只沙发易如反掌。见妻子对新房里自制的沙发赞不绝口，罗忠福灵机一动：这说明遵义甚至全国都存在巨大的沙发潜在市场，我为什么不干脆开个家具厂呢？说干就干，他开办起了第一家属于自己的工厂。工厂一开始就红红火火，几百套沙发刚做成就销售一空。1979年，罗忠福还通过中央电视台播放了家具广告，一代沙发大王就此崛起了。

在当时的情况下，懂得沙发下面是弹簧又有能力自己做的人在全国绝非是少数，或许也有人曾经自制过沙发，可见这个沙发潜在市场的机遇是客观平等的。罗忠福脑子比别人领先了一步，不仅自己会做沙发，还意识到了机遇就在眼前，所以这个的机遇也很公平地被罗忠福发现了。

通过罗忠福的故事可以领悟到，一些生活中不足为奇的现象，换个角度去看去想，就会发现其中隐藏了许多机遇。机遇是一种广泛的存在，只是有人能捕捉到，有人却看不到。当你失去机遇时，你不能怪谁，只能怪自己。机遇虽多，却没有投怀送抱的习惯。

所以，朋友们，不妨睁大眼睛观察周围的事物，那可以改变你一生命运的机遇或许就在你眼前！

意外之中藏玄机

北京有很多的老字号，一提起"王致和"，可是无人不知无人不晓。王致和的臭豆腐，一个"臭"字"臭名远扬"，传遍了全中国。

王致和臭豆腐臭中有奇特的香味，是一种产生蛋白酶的霉菌分解了蛋白质，形成了极丰富的氨基酸使味道变得非常鲜美，臭味主要是蛋白质在分解过程中产生了硫化氢气体所造成的。此外，由于腌制时用的是黄浆水、凉水、盐水等，使成型豆腐块经后期发酵后呈豆青色。

相传清朝康熙八年，从安徽来京赶考的王致和名落孙山，但由于用光了盘缠，连回乡的钱都凑不出，只好在京攻读，准备再次应试。为了谋生，王致和做起了他父亲的老本行——卖豆腐。王致和幼年时学过怎样做豆腐，于是他便在安徽会馆附近租了几间房，购买了一些简单的用具，每天磨上几升豆子的豆腐，沿街叫卖。

有一回，他做好的豆腐没卖完，可他又不忍心扔掉，于是他就把这些豆腐切成小块，晾干以后，放在一口小缸里用盐腌起来。结果，事情一忙就把这事给忘了。

一转眼到了秋天，他突然想起那缸腌制的豆腐，急忙打开缸盖，一股臭气扑鼻而来，拿出来一看，豆腐已经变成青灰色，用口尝试，觉得臭味之余却蕴藏着一股浓郁的香气，虽然称不上美味佳肴，却也耐人寻味，送给邻里品尝，都称赞不已。

王致和屡试不中，只好弃学经商，照过去试做的方法加工起臭豆腐来。臭豆腐价格低廉，可以佐餐下饭，适合收入低的老百姓食用，因而渐渐打开销路，生意日渐兴隆。

后来，王致和多次改进了臭豆腐，渐渐摸索出一套臭豆腐的生产工艺，生产规模不断扩大，口感更好，名声更高。清朝末叶，传入宫廷。据说慈禧太后在秋末冬初也喜欢吃臭豆腐，还把它列为御膳小菜，但认为名称不雅，按照臭豆腐青色方正的特点，取名为"青方"。

从清朝到新中国成立的三百多年间，"王致和"虽几经传承和演变，却始终保留着"王致和"这个老字号，保持着王致和臭豆腐的传统风味。

王致和之所以可以做出外陋内秀的臭豆腐，可以说完全是因为一场意外，如果不是他忘了及时处理腌了的豆腐，他就不可能得到制造风味独具的豆腐的方法。可正是由于这次偶然的机遇，他不但摸索出一套臭豆腐的生产工艺，而且还让"王致和臭豆腐"名扬全国。

从古至今，命运似乎和机遇密切相关。很多人发出感叹，有的人辛苦一辈子，最终却连一间像样的房子也买不起；有的人才华出众，一生却只能在贫困线上挣扎；有的人不学无术，却也能混个满身铜臭。为什么这些人会有这样大的差别呢？最主要的原因就是有的人有机遇的眷顾，有的人缺少改变命运的机遇。

方向上的一小步，人生路上一大步

1995年，对27岁的刘春俪来说显然不是好年，她成了下岗女工。过了一段时间后，刘春俪通过朋友介绍，到了一家宾馆当上了一名客房部的服务员，开始了每天叠被子、打扫房间的工作。

1996年的一天，刘春俪像以前一样在清扫宾馆的走廊地毯，一位客人叫住她让她帮忙到街上买一块香皂。刘春俪刚开始认为是自己失职，忘记给客人房间配放一次性香皂，她慌忙向客人道歉。但客人告诉她："房间里已经有一次性香皂了，可是我讨厌用那种小香皂，体积太小了不好拿，容易掉地上，质量也太差。"刘春俪帮客人买回了香皂。

第二天，这位客人走了。刘春俪在整理房间时，见到昨天客人买的香皂只用了一点点，招待所配送的一次性香皂由于客人已经打开了包装，也不能再用了。在把一大一小两块香皂丢进垃圾桶的时候，刘春俪突然想道：客人出差在外，都喜欢方便，不愿意携带体积大的香皂，可宾馆酒店提供的香皂又由于体积小、质量差等原因不能让客人满意。这不但有损于宾馆酒店的声誉，还造成了不小的浪费。

刘春俪心里想："有没有可能会做出一种折中的香皂，既可以满足客人的需要，能增大体积，让客人好拿好握，同时又不影响质量，不造成浪费，不提升成本呢？"

一连好几天，这个问题都困扰着刘春俪。

一天，刘春俪无意中被孩子们玩的塑料球吸引住了。她想：假使在塑料球的外面包上一层香皂，也就是设计一种空心的香皂，这样做，不仅能增加香皂的体积，让客人好拿好握，好擦洗，也不会增加香皂的用量和成本，一举两得，一定受到顾客和宾馆的欢迎。

刘春俪带着自己的设想到了市内一家香皂厂。香皂厂的厂主对此大为称赞，但当刘春俪询问他们工厂能不能生产这种香皂时，这位厂主却遗憾地告诉她，因为这种香皂的生产工艺与传统香皂的生产工艺完全不同，所以，他们没法生产。不过，这位热心的厂主最后鼓励刘春俪先去为这种产品申请一个专利。

1998年4月16日，刘春俪终于申请到了新型香皂的专利权。1999年，她的新型香皂已经可以批量生产了。见到自己的创意终于变成了产品，从机器上"流"出来，刘春俪真正领略到了创业的艰苦和欢乐。

刘春俪在报纸上刊登了广告，有很多酒店和宾馆都和她订货了。没过多久，刘春俪的专利——空心香皂就出现了供不应求的局面。

刘春俪成立了一家公司，她从一个人人同情的下岗女工，摇身一变成了一位身价数十万元的女老板。

尽管一次偶然的机遇在表面上看起来对一个人的影响并不大，但是所谓"方向上的一小步，人生路上的一大步"，人一生的际遇，往往决定于人生道路上关键的几步。刘春俪的人生方向在一定程度上就是因为一次偶然的机遇改变的，而她的人生也因此同原来相比有很大改变。

意料之外的机遇

18 岁时，儒勒·凡尔纳到巴黎攻读法律，可是他对法律提不起兴趣，却爱上了文学和戏剧。有一次，凡尔纳从一场晚会中早退，下楼时他忽然童心大发，沿楼梯扶手悠然滑下，却不小心撞在了一位胖绅士身上。凡尔纳十分尴尬，道歉之后随口询问对方吃饭没有，对方回答说刚吃过南特炒鸡蛋。凡尔纳听后摇摇头，说巴黎根本就没有正宗的南特炒鸡蛋，因为身为南特人的他十分擅长做这道菜。胖绅士听后大喜，诚邀凡尔纳登门献艺。两人从此成为朋友，并一起合写戏剧，为凡尔纳走上创作之路创造了有利条件。这位胖绅士的名字是大仲马。在大仲马的影响下，凡尔纳一门心思投入诗歌和戏剧的创作中。在巴黎，他创作了20个剧本（未出版）和一些充满浪漫激情的诗歌。

后来，凡尔纳与大仲马合作创作了剧本《折断的麦秆》并得以上演，这标志着凡尔纳在文学界取得了初步的成功。后来，凡尔纳成为"科学幻想之父"。

所谓"踏破铁鞋无觅处，得来全不费功夫"。人不但要善于利用眼睛看、用心去找机遇，同时，也要善于抓住一些意料之外的机遇，只有这样，才能让自己的人生更加美好。

第二节　机遇是成功的初始键

有了机遇就有了成功的可能性，抓住了机遇，也就破解了成功的密码。

成功需要机遇相伴

李晓华曾经被美国《福布斯》杂志评为"中国大陆 100 富豪"之一，个人名下资产达到 2.5 亿美元。熟悉李晓华的人都知道，他的成功主要在于及时准确地抓住了获取成功的绝佳机遇，加上他出色的判断能力，改写了他的人生篇章，也成就了他的亿万富翁梦。

李晓华的第一桶金源于 20 世纪 80 年代初的南方，他在广州看中了一台冷饮机，于是就买回来运到北戴河，他向当地人介绍："这是美国的新发明，在中国是第一台，如果你们愿意，你们出场地人员、办营业执照，我出设备，赚了钱对半分。"在炎炎夏日的北戴河，李晓华的冷饮买卖越做越红火，一个夏天，他就赚了十几万元。

见他赚到钱，周围很多人跟风而起，做起了卖冷饮的生意。这时，李晓华又瞄准了另一个市场：20世纪80年代初，由于时代原因，看惯样板戏的人们为了追一部"港台大片"，纷纷在录像厅外排起大队。李晓华又买了一台大屏幕投影机，放起了录像。1984年末，李晓华已成百万富翁。

1985年，李晓华手里有了钱，却一改过去经商的习惯——放弃了国内大好的发展机遇，听从一位长者的忠告，远赴日本留学，学习国际化的经营之道。

在日本，李晓华一边读书一边洗盘子。一天洗盘子时，他发现了一条报纸上的消息："中国产的'101'毛发再生精在日本价格不断上涨。"李晓华即刻赶回北京，来到"101"毛发再生精厂。第一次、第二次，他都被拒之门外；第三次，他开了一辆当时在北京罕见的新款奔驰280，以"海外华侨"的身份走进工厂，用一辆客车、一辆轿车的代价，换取了该产品在日本的经销代理权。回日本后，在一番精心策划下，"101"毛发再生精在日本一路走俏，李晓华又赚了个盆满钵满。

1989年，一批港民移民致使香港房地产价猛跌。李晓华又看到了机遇在向他招手，于是花本钱买进了大量低价楼宇。半年之后，形势日趋明朗，香港地价、物业重又飙升，把当时低价吃进的楼宇卖出，李晓华升级为亿万富翁。

李晓华致富的另一点睛之笔是：投资东南亚某国正在筹建的一条高速公路。这条路当时对外公开招标，尽管政府给予政策十分优惠，却因为车流稀疏，投资难以有所回报而没人接手。李晓华经过周密的调查，发现离这条公路不远有个大油气田，储藏量十分可观，只是还没有完成最后的工作，消息还没有对外公布。石油利润带来的繁荣远景将是不可估量的，李晓华看准这一点。于是倾其所有并抵押房产向银行贷款，买下拟建这条公路的土地。因为贷款期只有半年，到时候如果土地不能出手，还不上贷款，他就得面临倾家荡产的结局……但第五个月，某国正式公布发现大油气田的消息。李晓华名下资产再次翻了一番——他再一次淘到了金矿！

李晓华的致富史揭示了这样一个简单而毋庸置疑的真理：机遇是成功人生的初始键，不抓住机遇，顺水推舟，成功只能是白日做梦。

机遇对每个人都具有重要意义。法国的拉罗什夫科曾说过这样一句话："仅仅天赋的某些巨大优势并不能造就英雄，还要有运气相伴。"

确实，人的一生充满了太多的不确定性，而改变一个人人生轨迹的往往就是一次偶然的机遇。试想一下，如果不是因为有"月下追韩信"的萧何，那么韩信就触碰不到展现自己才华的舞台，他注定要湮没在历史的长河中；如果没有掉下来的苹果在那一刹那击中了牛顿，牛顿也许就不会去思索"苹果为什么会落地"的问题，他也许就不会发现轰动世界的"地心引力"。

歌德说过："转瞬之间的一刹那，就可以决定人的一生。"由此可见，机遇对人的影响力不可忽略。

机遇成就报业巨子

1865 年，美国南北战争结束了，纽约城里到处都是找不到工作的退伍军人，年仅 18 岁的约瑟夫·普利策便是其中的一员。他会讲法语、德语和匈牙利语，可英语却不大擅长，这成了他在纽约寻找工作的障碍。最后，他打算到德国人聚集的城市圣路易斯去，在那儿或许可以找到工作。圣路易斯城在当时的普利策心目中就是实现愿望的梦想之乡。

在这种愿望的驱使下，普利策来到了圣路易斯城。可圣路易斯也并不像他想象中的梦想之乡那样，还是常常失业。他先后做过船台的看守、舱面水手、饭店侍者等，他总是没干多久就被辞退，又只好另找工作。

一次，普利策和另外几十个人一起交了5美元，跟着一个答应介绍他们到路易斯安那州甘蔗种植园工作的人坐上一艘小轮船。当小轮船把他们抛在离城48公里的地方调头离去时，他们才明白自己受骗了。普利策非常生气，他写了一篇报道揭露这场骗局。当《西方邮报》发表了他的稿子时，他十分兴奋，因为这是他发表的第一篇新闻报道。自此以后，普利策时常给一家德文报刊写稿，并渐渐引起了报社中编辑们的注意。

1868年底，《西方邮报》招聘一名记者，普利策被录用了，他简直喜出望外，他这样描绘自己当时的心情："我本来是个无名小卒，走霉运的人，可以说是流浪汉，被选中负责这项工作——这一切都像做梦一样。"上任之后，普利策的才华和胆识迅速显露出来。

四年后，他购买了《西方邮报》的股份，并一直做出正确的决定，逐级升上了主编，最后还收购了《西方邮报》《纽约世界报》和《圣路易斯快邮报》，并逐一改革了这些报纸，让它们成为当时闻名于美国的大报。

在他的新闻生涯中，他让新闻成为社会公认的一门学科。他的一生标志着美国新闻学的创建和新闻事业的迅速发展。他曾捐赠200万美元创办了美国第一所新闻学院——世界著名的哥伦比亚新闻学院。普利策去世后，以他的名字命名的普利策新闻奖是美国最高新闻奖，受世人瞩目。

到了现在，在世人的眼中，约瑟夫·普利策是报业的巨子，乍一听让人觉得高不可攀。可是回顾约瑟夫·普利策的成长过程，可以了解到，普利策原本也不过是个一文不名、两手空空的人，直到被《西方邮报》聘为记者后，普利策的人生方向开始发生变化，正是那次机遇成就了后来的报业巨子。

偶然的机遇敲响科学的大门

拿破仑说："卓越的才能，如果没有机遇，就失去价值。"

16岁的麦克斯韦刚到剑桥的时候，觉得周围的一切都很新鲜。这段时间，他专攻数学，读了大量的专门著作。但是，他读书不太有系统性。有时候，为了钻研一个问题，他可以连续几个星期什么事也不做；有时候，他又可能看见什么读什么，毫无逻辑。

这个擅长学习和思考的年轻人，需要名师点拨，才能大放异彩。幸运的是，一次偶然的机遇，麦克斯韦邂逅了一位好老师，他就是霍普金斯。霍普金斯是剑桥大学的数学教授，一天，他到图书馆看书，想看的一本数学专著凑巧被一位学生借走了。那本书是一般学生不可能读懂的，教授有些好奇。他询问借书人的名字，管理员回答："麦克斯韦。"教授找到麦克斯韦，见到年轻人正埋头做笔记，笔记本上涂得乱七八糟，毫无头绪，房间里也是乱糟糟的。霍普金斯便不由得对这个年轻人产生了兴趣，幽默地说："小伙子，如果没有秩序，你永远成不了优秀的数学家。"从这一天开始，霍普金斯成了麦克斯韦的指导教授。

霍普金斯很有学问，培养过不少人才。麦克斯韦在他的引导下，先是改变了杂乱无章的学习方法。霍普金斯对他的每一个问题，每一步运算都要求很严格。这位导师还把麦克斯韦推荐到剑桥大学的尖子班学习。通过这位优秀数学家的指教，麦克斯韦进步神速，最后终于成为一代科学大师。

有才能的人赶上好机遇，可以大展宏图。平庸之辈，赶上好机遇，也可以略施一技之长。可是没有机遇或者总是错失机遇，无论多么伟大的英雄都将一事无成。

生不逢时难成功

常言道："造化弄人。"在生活中，一些人可能由于某次机遇而改变了自己的命运，一些人则可能由于缺乏机遇而"白了头，空悲切"。

从前，洛阳有一个人，做梦都想当官，可一辈子都没遇到做官的机会。时光如流水，几十年就这样弹指一挥地过去了。这个人眼看着自己的两鬓由黑变白，年纪大了，不禁黯然神伤。一天，他走在路上，忍不住失声痛哭。

有人看见他这副模样，感到很奇怪，于是走上前问他说："老人家，请问您为什么这样伤心呢？"

这个老人回答说："我想当官想了一辈子，却始终没有遇到过一次机会。眼看着自己就这样老掉，却还是一身布衣，再也不可能有机会做官，所以我伤心痛哭。"

问他的人又说："那么多求官的人都当上了官，你为什么却一次机会也没遇上呢？"

老人回答说："我年轻时学的是学问，当我在这方面学有所成时出来求官，正好碰上皇上偏爱任用有经验的老年人。我等了很多年，一直等到喜好任用老年人的皇上去世后又出来求官，谁知继位的皇上却是个喜爱武士的人，我又一次怀才不遇。于是，我改变主意，弃文学武。等我学武有成时，那个重视武艺的皇帝也去世了。现在继位的是一位年轻的皇帝，他喜欢提拔年轻人做官，而我，如今早已不年轻了。我的几十年光阴转瞬即逝，一辈子生不逢时，没能遇到一次做官的机会，这难道不是十分可悲的事吗？"说罢，他又哭起来了。

很多人都觉得"是金子迟早会发光"。毫无疑问，才华是人成功的关键，但是假如没有机遇，碰不到赏识自己的人，那么注定要像上面讲的老人一样"生不逢时，徒奈何"。

贝弗里奇说："发现的历史表明，机遇起着重要的作用。"在现实生活中，我们也很难看到一个人能够完全脱离机遇而成功，一个人的成功通常是从某次机遇开始的，机遇是成功的初始键。

第三节　失败中也隐藏着机遇

任何人的一生都不可能一直走在康庄大道上，都会面临各种各样大大小小的失败。

在遭遇失败时，很多人通常很快就选择放弃努力，不再坚持尝试，甚至就此颓废丧气、一蹶不振，其人生可想而知会落得什么结局。

日本一家知名企业在一次高级管理人才的公开招聘中，发生了这样一件事情：有一个平时成绩优秀，对未来充满憧憬的大学毕业生，因为没被录取而自杀了。

三天后，招聘结束了。在企业负责人查询电脑整理资料的时候，意外地发现，那个自杀的应聘者其实是成绩最优秀的，可是因为电脑的失误，才导致他应聘失败。

这确实是一件令人深深惋惜的不幸事件。而更令人惋惜的是，还是那位企业负责人在真相大白后说了一段话："我为电脑操作失误深感抱歉，对于这位大学生的不幸感到惋惜。但从公司的角度考虑，我却感谢这次事件和这场特殊的考试，我为我的公司感到庆幸。"

他的话很有道理。无法正确对待失败的人没有能力胜任许多正常的工作；不能战胜挫折感的人没有可能成为事业上的成功者。从另一个角度说，我们更为这个年轻大学生感到深深的悲哀，假如他有勇气面对这一次小小的意外，能够用一颗平常心看待这次小小的失败，他的人生必然会是另一番模样，或许他人生的转机在下一秒就会出现！

实际上，很多人都不明白，一次失败并不等于永远的失败。失败还有转化为成功的可能，更何况随处可见的那些一时的挫折呢？

著名成功学家拿破仑·希尔曾经这样解释失败与挫折：

"这里，先让我们明确'失败'和'一时的挫折'之间的差别。首先让我们看看，那些经常被视为'失败'的事实际上会不会只不过是'一时的挫折'而已。"

"在某些时刻，我甚至觉得，这种一时的挫折实际上是一种幸运，因为它会使我们振作起来，让我们调整前进的方向，推动我们向着不同的但却是更正确并且更美好的方向前进。"

"由此可知，如果一个人能够正视挫折的话，挫折不但不会成为坏事，并且还能够成为一种积极的心理动力。它可以培养一个人解决问题的能力，引导一个人以更好的方法或更好的途径去实现目标。"

正是挫折，激发起一个人向困难挑战的勇气。

这种向自己挑战的内在思想只要转化成行动，世界上任何挫折都不会使你臣服。

重复失败的伟人

让我们来看一看一位著名的美国人所遭遇过的挫折吧：

21 岁——经商失败；

22 岁——竞选议员失败；

23 岁——经商再度失败；

26 岁——未婚妻去世；

27 岁——精神崩溃；

34 岁——竞选联邦众议员失败；

36 岁——竞选联邦众议员再次失败；

47 岁——提名副总统落选；

49 岁——竞选联邦众议员三度失败。

或许你无法相信，这个经历过无数失败的人正是美国的第十六任总统亚伯拉罕·林肯。

一次又一次的失败，并没有让他泄气，反而激起了他向失败挑战的信心和勇气。终于，他在 52 岁那年，当上了美国的总统。

对一个成功者来说，遭遇失败，正是他补偏救弊的机遇。

畏惧失败，会让人容易变得畏首畏尾、瞻前顾后、不敢采取行动，渐渐地失去信心，不敢决断，最终陷入失败的沼泽无法自拔。

其实，对一个人来说，失败并不可耻。可耻的是在失败的阴影下胆怯退缩，失去了战胜困难的意志。

害怕失败，让人变得小心翼翼，不敢轻易行动，对所做的事情从资金、精力、时间上难以全力以赴，而是分散或有所保留。这样，因为投入不足，就会影响到产出，甚至产生没有产出，致使失败的结局。

害怕失败，就会在人的潜意识里埋下失败的种子。长此以往，成功的种子就得不到充足的营养。失败的种子吸收了养分，潜意识就难以集中全部精力工作。畏惧失败的心理，对于潜意识的工作是十分有害的。它影响人的创造性活动，难以实现目标。

害怕失败会让机遇溜走

有位年轻人爱上了一位美丽的姑娘，他壮着胆子给姑娘写了一封情书。没几天她给他回了一封奇怪的信，这封信的封面上署有姑娘的名字，可信封内却空无一物。年轻人感到奇怪：如果是接受，那就明确说出；如果不接受，也可以明确说出，干吗故弄玄虚？

年轻人鼓足信心，日复一日地给姑娘写信，而姑娘照样寄来一封又一封的无字信。一年之后，年轻人寄出了整整99封信，也收到了99封回信。年轻人拆开前98封回信，全是空信封。对第99封回信，年轻人害怕再次受到打击，没有勇气拆开它。他再也不敢抱任何希望，心灰意冷地把第99封回信放在一个精致的木匣中，从此不再给姑娘写信。

两年后，年轻人和另外一位姑娘结婚了。新婚不久，妻子在一次清理家什时，偶然翻出了木匣中的那封信，好奇地拆开一看，里面的信纸上写着：我早已准备好嫁衣，在你的第100封信来临的时候，我就做你的新娘。

大多数人都讨厌失败，心理排斥失败。可是，在这个世界上，谁都难免会犯错误，即便是四条腿的大象，也有摔跤的时候。正如一位哲人所讲："人要不犯错误，除非他什么事也不做，而这恰好是他最基本的错误。"

王刚到美国学习两年，顺利地拿到硕士学位，随即应聘到一份相当不赖的工作。公司的业务蒸蒸日上，正在迅速地拓展，工作环境好，报酬高，而升迁的机会尤多。留学生在异国他乡能谋得这样好的差事算是很不错的了，王刚因此也是万事小心，不求有功但求无过。

年终，经理召见，王刚心中不由漾起希望："前两任的同事都或多或少犯了错，但都得到了加薪升职。而我并没有犯过什么错，相信更能得到上司的器重吧。"

等王刚坐下后，经理说："王先生，你一年的工作情形很好。但是，公司要紧缩人事，这是件很不得已的事，想必你能谅解。依照规定，你可以领三个月的遣散费。相信你很快就会找到更好的工作。"

王刚不知所措，怀疑自己听错了。

停了好一阵，王刚激动起来："你的意思是说，我被炒鱿鱼了？为什么？难道因为我是中国人，就被歧视？"

经理连忙解释："王先生，你不要激动。公司从几百封应征函里选中了你，可见我们对中国人绝没有一点歧视的意思。你确实没有犯什么过错。而事实上，就是因为没有犯错，公司才这么做。你知道，公司正在大力地推展业务，需要独当一面的人才。公司对于你的学识很满意，但是对于你做事的方式不能接受。"

"在我们眼中，人都不能免于犯错。不犯错的人只有两种人：一种人不做不错，只知道在现成的路上，跟着别人走。这种人或许不会犯错，但也不会在尝试、错误中进步。另一种人不是不犯错，而是犯了错，善于隐瞒错误。不管是哪一种'不犯错的人'，都不是公司需要的。"

王刚虽然没有犯过什么错误，却也因此失去了从犯错误中汲取经验教训的机会，结果反倒由于"不犯错"而失去了工作。

内特住在英格兰的一个小镇上。他从未看过海，非常想看一看海。有一天他得到一个机会，当他来到海边，那儿正罩着雾，天气又冷。

他想："海一点都不好，庆幸我不是一个水手，当一个水手太危险了。"

在海岸上，他遇见了一个水手。他们交谈起来。

"你怎么会爱海呢？"内特问，"那儿弥漫着雾，又冷。"

"海不是经常冷和有雾。有时，海是明亮而美丽的。但在任何天气，我都爱海。"水手说。

"当一个水手不是很危险吗？"内特问。

"当一个人热爱他的工作时，他不会想到什么危险。我们家庭的每一个人都爱海。"水手说。

"你的父亲现在何处呢？"内特问。

"他死在海里。"

"你的祖父呢？"

"死在太平洋里。"

"那你的哥哥……"

"当他在印度一条河里游泳时，被一条鳄鱼吞食了。"

"既然如此，"内特说，"如果我是你，我就永远也不到海里去。"

"你愿意告诉我你父亲死在哪儿吗？"

"啊，他在床上断的气。"内特说。

"你的祖父呢？"

"也是死在床上。"

"这样说来，如果我是你，"水手说，"我就永远也不到床上去。"

失败与成功是任何事物发展的必经之路，两者是互为因果的关系。没有失败的教训，就没有成功的发现；没有失败的艰辛，就没有成功的

喜悦。假如一个人在行动之前就被失败吓倒，那么他就永远不会有为目标付出行动的勇气，最后给自己酿造失败的苦果。

要想获得成功，就得坦然面对失败，学会在失败中汲取教训，只有这样，你才能发现失败与成功只有一步的距离，才能把握失败中蕴含的机遇。把每次失败都当作新的起点，踏着一步步失败的阶梯走向成功和辉煌。

第四节　敲响机遇的大门

当机遇之神来到你的门前，轻轻叩门的时候，假如你因猜想它究竟是圣洁的天使还是可憎的魔鬼而不敢去开门，那么正在你犹豫的那一刹那，机遇便可能悄然离去，永不回头，到那时你唉声叹气、顿足扼腕也悔之晚矣。

"机不可失，时不再来"，正由于机遇稍纵即逝，当机遇来临时我们更应该勇敢地伸出双臂去迎接它，而不是踌躇不前。机遇往往是成功的保护神，特别是如今这样优胜劣汰的竞争时代，绝不能放过任何一个机遇，而是应该紧紧抓住机遇之神的头发，握住它的手臂，留住它的脚跟，借助它的翅膀，结合自己的优势飞向理想的长空。

那么，我们该怎样敲响机遇的大门呢？接下来就让我们一起来看看可行的方法。

§ 第一，机遇是一个变量

我们需要重新了解一下什么是机遇，这里所说的机遇不是字面上的意思，而是真正理解机遇的定义。不同的人对机遇的认知也不尽相同。比如，有些人认为赚到钱就是机遇；有些人觉得能升职就是机遇；有些人以为能得到心上人的垂青就是机遇。这样看来，机遇对每个人而言意义都不一样，不同的时代对机遇的认知和理解也不同。

打个比方，在战争年代，在许多人眼里，只要能活下来就是机遇；但是有的人认为能在战斗中取得胜利是机遇，甚至为此牺牲也在所不惜。因此我们明白：机遇会随着时代的变迁而变化，随着不同人的不同境界和格局而变化。机遇是一个变量，因此我们也应该此一时彼一时地去对待机遇。

§ 第二，机遇也是一个定量

机遇并非可遇而不可求。自然，机遇也不是一个常量，而是一个从量变到质变的过程，是储蓄了很长时间、很大的能量在一个特定的条件下爆发。只能说，机遇是一个定量。

那么，也就是说，当那个定量的机遇爆发或是突然光临的时候，你是否认为它就是你想要的？你能否意识到这是个千载难逢的机会？机遇是不是转瞬即逝的，就如同人常说的：过了这个村就没有这个店那样呢？如果你认为那是个机遇，再走回去，一样可以住那个村那个店啊。问题是很多人就不愿意走回头路而主动放弃机遇，或是认为那个店不是自己想住的店而错过机遇。所以说，不是没有机遇，而是你视而不见听而不闻，一次又一次地错失良机而已。

见微知著得机遇

英国伦敦的时装设计师乔安娜·多尼格，是一位目标明确、头脑清晰的有心人。有一次她的朋友因为要出席皇家宴会而没有合适的晚装，急得像热锅上的蚂蚁。这事让她顿悟到，女士们遇到这一困境是很有普遍性的，这是英国社会现象的一种规律。由于英国是个很注重表面礼仪的国家，有很多各式各样的社交活动，人们参加社交活动，非常讲究穿着。然而，无论多么华丽名贵的服装，如果连续在这类场合穿上三次出现，人们就会私下耳语，穿者自然会感到丢脸。所以，不管多美的晚礼服，也只能穿上一两次。这样，不仅让普通收入的人们发愁，就连有钱的人们都吃不消。假如付较少的钱，就能在一夜中穿上名贵的时装出席高贵的活动，这确是光彩又实惠的事，这成为许多人的共同心愿。

乔安娜有了这一想法后，也做了大量的市场调查，征询了不少女士，证实了上述分析和预测是准确的。接着，她确定了开展晚装租赁业务的经营目标。她筹集到一笔资金，购置各种款式的欧美名师设计的晚礼服，每套价值数百美元到数千美元不等。她出租一夜的租金每套由75美元至300美元不等，另加收200美元的保证金。

果然正如乔安娜所料，她的租赁生意十分兴旺，很多客人都是由朋友介绍来的。也就是说，那些女士太太们毫不在意地告诉别人，自己的晚装是租回来的。人们不仅不会觉得不光彩，反而觉得合算及明智呢！

乔安娜的这宗买卖越做越大，在伦敦开了两间店后，还越洋到美国纽约去开分店。现在，她除了经营晚装，还扩展到包括配饰、手袋、首饰以及肥胖者、孕妇用的晚装，甚至连男士用的服装也都一应俱全。她已由一个设计师成为一名富豪了。

乔安娜的成功之处在什么地方呢？就在于她能因小见大，即从一个小的问题看到了英国宴会的市场消费现象。这也让她确立了开展晚装租赁业务的经营目标，继而解决了一大批爱交际人士乱花钱买礼服的问题，并赢得了这一群体的客户。

因小见大，不仅仅体现在见微知著上，也体现为对某个事物的启发而带来的深刻认识。

一则报道带来的机遇

1996 年春天，邯郸的王山海在一本杂志的一个很不显眼的版面看到一则报道，说的是上海市有一位姓庄的老太太，退休在家没有什么事可做，那些来不及买菜的双职工经常拜托她帮忙，庄老太太为人热情，每回帮人把菜买回去以后还给择洗干净，时间长了，人们过意不去，主动给老太太一些酬金。一开始老太太不肯收，经过大家一再解释，她便按分量收取少量的手续费。托她帮忙的人越来越多，后来这位老太太成立了一个"庄妈妈净菜社"，生意非常火爆，一时传为佳话。

看完这则报道，王山海脑中不由得也产生了类似的想法。因为他也了解到，随着当地人们物质生活水平的不断提高以及工作节奏的加快，怎样尽量节省在厨房操劳的时间，已经变成很多家庭率先考虑的问题。每天到饭店进餐终究不是大多数人经济上能承受得起的，况且卫生状况总让人有点儿不放心。特别是一些年轻的夫妇，烹饪手艺不高明，家里有客人拜访，切几盘熟食做凉菜还可以，炒热菜就犯愁了。

于是，他计划在邯郸市也开办一个以工薪阶层为消费群体，专门加工净菜的服务机构。他找来几个朋友一商量，大家一拍即合。他们经过深入的市场调查进一步认识到，切洗得干净整齐，配料齐全，价格适中的"方便菜"有着十分广泛的市场需求。几个志同道合的朋友一致认为，有消费需求就有商机。他们决定合伙创办一家公司，生产集快捷、美味、卫生、经济实惠于一身的方便菜，下决心要在这个行业中闯出一条路来。

通过精心筹谋，他们为自己的公司起了一个乡土味很浓的名子——龙乡食品公司，把产品起名为"龙香菜"，让人听了朗朗上口，便于记忆。他们转遍了邯郸市的大街小巷，经过反复甄选，终于在一个工薪阶层居住比较集中的小区，租下了一家下马的食品加工厂的厂房，门口挂起了一个印着"龙香菜"的大灯箱，亮堂堂地照红了半条街。

接着，他们还聘请了全市闻名的厨师拟定了上百个菜谱，经过严格考核，招聘了60多人分别担任配菜师、择洗工和送货员。开业没多久，他们的产品就在这个小区崭露头角。不到半年的时间，凭靠这个普通、廉价、富有个性化的产品和服务项目，龙乡公司就创造出了一个红红火火的崭新局面。

万事万物的运动总是有其自身的规律，它不能被创造，但可以被认识。因而对于别人的成功经验，也可以学习和借鉴。自然，在借鉴的基础上，也需要深入调查，尊重市场的客观实际，这么做才能确定出未来的发展目标。

机遇是需要被人发现的，对一个渴望寻找到机遇的人来说，一个微小的事物都有可能给他带来创业的启发。而对一个盲目等待机会的人来说，就算机会在大力地敲他的门他也会充耳不闻。所以，要想发现机遇，就一定要留心观察身边的每一件事，主动敲响机遇的大门。

第五节　机遇是偶然抑或必然

机遇通常在偶然中显示着必然，在必然中显示着偶然，所以显得变幻莫测。生命的历程就如同一条线，而机遇就像是一个点，没有流程的线，就没有机遇的点。

既然机遇是偶然中的必然，必然中的偶然，就必然有其规律。有人曾作过下面的比喻：抓机遇就像是老鹰抓兔子，一不留神机会稍纵即逝。要捕捉到灵敏的兔子，老鹰必须做到稳、狠、准。机遇好像兔子，它是处于运动状态的，而不是静止着的，机遇的性格就是谁也不等待。老鹰在天上盘旋，只能说是"机"，在老鹰发现兔子那一刹那才是"遇"。

运气不等于机遇

在春秋战国时期的宋国，有一个农民，他年轻力壮，却好吃懒做，总盼着不劳而获。有一天，他到田地里干活，正当他躺在大树下面的草地上望着天空发呆时，突然，一只小兔子惊慌失措地跑过来，一不小心一头撞在大树的树干上，可怜的小兔子撞了个头破血流，顿时昏死过去。他闻声吓了一跳，起身一瞧，心中立刻高兴坏了，原来天下居然会发生这样的好事，真是老天有眼，今天让自己给撞上了。他立刻把小兔子带走，一溜烟地跑回家去，一家人美美地饱餐了一顿。

夜里，他躺在床上，辗转反侧，兴奋得难以入眠。他想，自己怎么会平白无故地捡了一只小兔子呢？大概是自己时来运转了吧？今天有一只小兔子撞到树上，说不定明天还会有。想到此处，他禁不住笑出声来。

第二天一早，他又来到大树旁边，偷偷地埋伏起来。可是等了一整天，也未见到有一只小兔子过来。他很不甘心，连续蹲守了七天，结果就连兔子的影子都没看到。这时他才有点儿回过神来，觉得自己不该浪费时间了。可是，当他无精打采地走回到自己的田地边时，他不禁吃了一惊，自己的地里已经长出了一尺来高的杂草，庄稼都快被野草遮住了。

很多人都认为，运气和机遇是没有区别的，可是，运气其实多是机缘巧合的结果，有很强大的偶然性。故事中的农夫无所事事，成天盼望着不劳而获，就是一种依赖运气的行为。结果呢，不仅白白消耗了不少精力，而且还耽误了干农活的时间，真是得不偿失啊。

守株待兔不能称之为机遇，是纯粹偶然的现象。因为兔子自己撞树、折颈而死的"机遇"太少、太偶然了。守株待兔，千年未必可以等到一回。反过来说，就算真能再千年等到一回折颈而死的兔子，等待兔子的人要付出一千年的机遇成本，这个机遇成本也太过高昂了。

机遇的另一个特点是它包含着较高的收益含量。你的门前有一个卖烧饼的，天天都这么卖着，你每天都可以看到他，双方之间公平交易，这就不能叫机遇。

首先，机遇必须具有超出一般受益度的价值，同时又具有不可多得性，也就是老百姓常说的："机不可失，时不再来"。如上所说，"机"是一条线，"遇"是一个点。我们通常说的机遇，主要是指"遇"这一部分。

机遇并非单纯的偶然事件。

机遇并不是不能预期、无法把握的，它有自己的规律。机遇，首先具有时空组织的规律，而且，时空具有不可逆性，所以它是有代价的，即时间和空间的代价。时间的主要特点是不可逆性，而这就是机遇的主要成本之一。

机遇的时空组织规律主要表现在它的方向性，也就是不可逆性上。严格来说，机遇向来都是只出现一次，第二次出现的机遇不可能和第一次一模一样。因为机遇是由时间和空间组成的，选择机遇也需要付出时空成本。我们时常所说的"天时、地利、人和"就是成功的三条运动线。

公开的机遇具有成功的必然性

20世纪80年代，曾经出现过一次百年不遇的日全食，它发生的时间是在上午。现代科学早就计算出了日全食的准确时间，并印在了日历上。

可以说，观看日全食是一个公开的机遇。这个机遇能不能拿来赚钱呢？有一个人借此发了一笔财。

百年不遇的日全食是所有的人都想看到的，但真要观看日全食并不是很方便，由于肉眼直接看日全食的话会很刺眼。在家里可以拿一个照片的底片，隔着底片就能够大胆地看；还有一个方法，就是在水盆里倒进一些墨水，从墨水的反光中观看日全食。

可是，一般人都没有想到，在大街上行走的人该怎么观看日全食。有一个人就想到了这一点，他采取了一个非常简单的方法，赚了不少钱。他提前加工了一大批深色的胶片，裁剪成小方块状，在这一天上午，一下子在全市设了几十个销售点，一片深色胶片的加工费不过几分钱，每一片的定价是5角钱，即刻被抢购一空。对想观看日全食的人来说，花5角钱观看一次一百年不遇的日全食，绝对是值得的，而对这位卖胶片的人来说，则是把握住了这个机遇获得了高额利润。

这个卖胶片的人之所以能把握住机遇，最主要的原因就在于时空成本。假如年年都发生一次日全食，也就称不上什么机遇了，谁都可以如法炮制，大家只好公平竞争了。

随着时代的变迁，机遇也在进步。进入网络世界，机遇似乎拥有了全新的概念。在网络上，机遇在无限的互联网上碰撞着，几乎要把人们忙坏了。

一个人的成功，有时纯属偶然。然而，又有谁敢说，那不是一种必然呢？

所罗门说过："智者的眼睛长在头上，而愚者的眼睛是长在脊背上的。"心灵远比眼睛看到的东西更多，那些不动脑子的凝视者只能看到事物的表象。只有那些富有洞察力的眼光才能穿透事物的现象，深入到事物的内在本质之中去，看到差别，进行比较，抓住潜藏在表象后面的更深刻、更本质的东西。

在伽利略之前，有许多人看到悬挂着的物体有节奏地来回摆动，可只有伽利略从中得到了有价值的发现。比萨教堂的一位修道士在给一盏悬挂着的油灯添满油之后，就离去了，任凭油灯来回荡个不停。伽利略，这个18岁的年轻人，出神地看着油灯荡来荡去，借此他想出了计时的主意。之后，伽利略通过多年的潜心钻研，终于成功地发明了钟摆，这项发明对于精确地计算时间和从事天文学研究具有十分重要的意义。

有一次，伽利略偶然听到一位荷兰眼镜商发明了一种仪器，借助于这种仪器，能清楚地看清远方的物体。伽利略认真研究了这一现象背后的原理，成功地发明了望远镜，从而奠定了现代天文学基础。这些发明，那些漫不经心的观察家或无所用心的人绝对不可能创造得出来。

有些人走上成功之路，的确归功于偶然的机遇。然而对他们本身而言，他们的确具备了获得成功机遇的能力。机遇的出现虽有偶然性，但在大多数情况下，又有其发生的必然性。它是社会发展过程中多种因素交互作用的必然结果。机遇的来临、个人把握机遇等也有内在规律可循。

树立正确的个人机遇观，需要正确地了解和处理机遇与机遇基础的关系。能力才是获得机遇的基础和前提，机遇是能力积累到一定程度后出现的必然结果。虽然机遇的出现往往以偶然性的形式表现出来，但偶然性必然体现必然性。

从一定意义上说，机遇是用偶然性的形式表现出来的必然性。在现实生活中，那些平时注重提高自身素质和水平、踏实并辛勤工作的人，总会比其他人获得更多的机遇，即便偶尔丧失一两次机遇，也不会对他们自身的今后发展造成太大影响，因为这样的人通常能凭借其出众的才智和过硬的能力，在实际生活中脱颖而出，得到发展的机遇。相对的，那些能力平平、没有多少能力却一直追求个人机遇的人，就算通过一些不正当的手段获取一些机遇，可他们获得的机遇也是非常有限的，即便获得了机遇，也会因为自己工作能力有限、工作业绩匮乏而难以从根本上把握住机遇。

一个善于抓机遇的人才有力量改变自己的命运。不会抓机遇就无从改变自己。人和人之间的差别，就在于你能否抓住身边的机遇。正确把握机遇，化偶然为必然。

第 2 章

机遇为谁而准备

中国有句古话："台上一分钟，台下十年功。"这句名言正是说明了平时准备的重要性。确实，如果没有一双足够敏锐的眼睛，就看不到擦肩而过的机遇；没有足够的知识准备和能力素养，就捕捉不到稍纵即逝的机遇。而所有的一切，都需要经过长时间的锻炼才能拥有。如果你想抓住身边的机遇，不妨先做一个有准备的人。

第一节　机遇之神从不看懒汉一眼

懒惰是一种能吞噬人心的毒药，让自己对那些成功人士充满了嫉妒。懒惰会引起无聊，无聊也会让人变得失去雄心壮志，丧失目标和执行能力。可是有时我们也很感谢那些懒惰的人，因为他们给了我们很多展现自我的机会，为我们搭建起展现自我才华的舞台和通向成功的道路。

懒惰的人空等机遇。有的人见到别人成功时，相形见绌后自己总是怨天尤人，埋怨老天没赐予他机遇，怪罪别人挡了他的道，整天怨这怨那，不思进取，不反省自己的行为，把精力和时光耗费在怨天恨地上，最后只会把自己弄得更惨。机遇从不眷恋那些懒惰的人，不要只知道羡慕别人的成功，你需要行动起来，通过自己恒久的努力，才能有所收获。因为，把一个简单的动作练到出神入化，一件平凡的小事做到炉火纯青，你就是强者。时刻提醒自己，记住自己要做一个上进、快乐、健康、勤奋的人。机遇，总会在人们不经意间从指缝中溜走，然而机遇往往掌握在最需要它的人手中。

机遇不曾为懒汉守候

一个刚出社会的大学生，一直都梦想能进入报社工作。凡事自然都不可能是一帆风顺的，他时时刻刻都在留意报上有关的招聘广告，可没有一次不是乘兴而去，败兴而归。他没有一天不唉声叹气："唉！看来还真是英雄无用武之地呀！"他每天都迷茫着，徘徊着，终于有一天，他在一张决定自己命运转折点的报纸上读到了这样几行字："朋友！假如你正在为自己的未来担忧，假如你向往文学记事类理想工作，请在本段话中找出 14 个错别字，并于今日 5：30 之前前往本公司报到。"他决心一试，同一寝室中还有与他拥有同样愿望的一名男生在看到这段话后，却只是忍俊不禁，并不屑地嘲笑他说："呵！那都是骗人的！你不可能找得到工作，疯了吧！哈哈！"大学生不顾那室友的侮辱，仍旧傻傻地坚持他的梦想！最后当大学生奔向自己梦想的终点（那家报社）时，经理不停握住他的手激动不已地说道："你是我们这次招聘的第一个人，却也是最后一个！我们分厂需要你这样懂得抓住机遇的人才！"

其实，我们身边也都在不断演绎着一个个关于机遇的故事。机遇，从不为懒汉守候！机遇往往喜欢捉弄人，以各种形式出现在人们面前，如果你羞于行动，那就永远抓不到机遇的尾巴。

永远不要空等机遇，因为人的一生永远不可能在等待中虚度。只有自己行动起来，寻找机遇，否则只会在现实世界中迷失自我，迷失方向。迷茫的心灵就如同划不亮的火柴，机遇之神不会多看懒惰者一眼。

每个人都拥有过机遇，只是有些不曾抓住。当机遇来到受宠若惊的你身边时，你如果不懂珍惜，就会把机遇白白浪费掉，之后再后悔也晚了。心之官则思，不思则不得。一个懒于思考的人必然与机遇无缘。

懒惰让机遇白白溜走

有名的汽车推销员戴约瑟最初是由于自愿替一个同事做一笔生意，才荣升为售货员的。事情是这样的：

15 岁的时候，戴约瑟只是一个店里打杂的小孩，他认为要成为一个售货员是一件难以实现的事，而这是他非常渴望的事。有一天下午，店里来了一个大客户。这天正是星期五，而这位客户必须在星期一的时候动身前往欧洲，可他在上飞机之前需要订一批货。这需要两天才能办好，但是这两天正好赶上周末，是休息的日子，于是店主答应这两天由一个店员来看店。

普通订货的手续是客户先挑选一下货样，然后再选择他想要订的货。售货员再把预定的一卷一卷的货单拿出来检查一遍。

然而这次让一个年轻的店员牺牲假日来取货，年轻人却推托说他的父亲周末要到教堂祷告，自己也需要同往。这当然是一个借口。他真正的原因是想看赛球。

"我告诉那个店员说我愿意替他看店，结果交易成功，我升为售货员了。"

戴约瑟由于自己的勤奋，得到了意想不到的收获。那位店员或许会懊悔、抱怨，因为不过是因为自己的懒惰，就这样让机遇白白地溜走了。思想是一个人区别于动物的根本因素，也是左右一个人成功或失败的最重要、最基本的因素。

可是，人往往因为习惯而变得麻木，由于过着相同的生活，做着一成不变的工作，甚至每天上下班的路线都是一样的，时间久了就会形成一种一成不变的固定模式。人也开始习惯于这种固化的生活，不再思考以求改变，就像"入鲍鱼之肆，久而不闻其臭"。

懒于动脑，错失良机

小周是某报社的记者，一次，他奉命前往上海采访一个著名演员的首场演出。当他赶到演出的剧院时，却发现演出取消了。

他觉得没什么事可做了，就回到旅馆，一身轻松地睡起了大觉。

半夜，报社值班的总编辑给他打电话催稿，他如实相报。谁知，总编辑怒气冲冲地责骂他："你是干什么的？作为一个记者竟然没有一点儿做新闻的敏锐性，你知道其他报社的头条是什么吗？是'首场演出取消'！"

这时，小周才恍然大悟：作为一个知名的演员，演出会受到别人的关注，演出的取消同样会受到别人的关注。他原本应该去调查"演出取消"的原因，并写一篇相关报道。但是，为时晚矣，小周不由后悔莫及。

小周之所以没有完成采访任务，就在于他没有开动自己的脑筋，因而不能够灵活变通地处理一些意外事件，错失了采访"演出取消"的机会。

一天，某学校的学生小许到市集贸中心附近找做家教的工作，这时走过来一男一女，其中的男子对小许说他是联通公司的，现在有一批宣传单要雇人发放，工钱每天25元，中午供饭，让小许再找几个大学生，小许很快找来9名男同学。10个人在街上发了一会儿宣传单后，那人称中午要在本市有名的大酒店宴请联通公司的领导吃饭，让小许等同学也一起参加。

中午12点，小许他们便与那人和随从的女子来到预定的大酒店用餐。席间，那人点了20多个菜，并告诉服务员给他准备10条香烟，他要给领导送礼。饭局刚进行到一半，那人又让其中一名男学生跟他带着香烟一起去公司送礼，并以手机没电为由借走一名男同学的手机。二人打车行至本市电信公司楼下，那人接过男同学手中的10条香烟后，又把男同学的手机借走，称自己坐车去送礼，让该同学下车在原地等。可一小时过去了，那人却再也没有出现。

在大酒店包房内，大学生们吃完饭后却迟迟不见"老板"回来，便问跟随"老板"来的女子，该女子称她是那人刚在中介雇来的，让她负责管理发放宣传单的大学生，那人让她假称是他的亲属，这时，大学生们才知道上当了。

大学生为什么会上当受骗呢？不可否认，大学生初出茅庐，而骗子的手段确实也比较高明，所以令人防不胜防。可是，假如大学生稍稍开动一些脑筋，那么肯定会看出其中的蹊跷：试想一下，那个"老板"凭什么请他们到一个大酒店用餐啊？说到底，还是大学生自己没有开动脑筋，结果导致上了骗子的当。

思考是认识世界的一个重要方式，一个懒得思考的人就很难获得正确的认识，正确的解决生活、工作中的问题也就无从说起了，自然而然，机遇也对他敬而远之。

第二节　勤奋的人是天生的幸运儿

富兰克林说："勤勉是好运之母。"勤奋是人的内因，是成功的必备条件；机遇是外因，是成功的外部因素。内因决定外因，外因透过内因而起作用。机遇并不等于天上掉金币，它是对你过去勤奋的回报，也是对你未来勤奋的预约。没有勤奋、努力、拼搏、进取，机遇就会成为你前进道路上的诱惑和陷阱。勤奋令平凡变得伟大，让庸人成为豪杰，成功者的人生，无一不是勤奋创造、顽强进取的过程。

一家知名公司一直稳定地发展着，并且不断吸纳优秀的人才进入公司。公司的标语牌上写有这样一段话："倘若你有智慧，请你贡献智慧；假如你没有智慧，请你贡献汗水；若是两样你都不贡献，请你离开公司。"

在这个世界上，那些只想凭借与生俱来的天赋取得成功的人最终很难取得什么骄人的成绩。法国学者鲁·贝尔有如下的见解："伟大的作品来自天才的灵感，但是，只有辛勤地工作，才能把它变成现实。"

天下没有免费的午餐，任何人都要经过不懈的努力才能有获得机遇的可能。收获成果的多少取决于这个人努力的程度，努力工作，早晚会得到回报的。假如你想既不付出又希望获得优厚的回报，那么，在这个地球上，没有人会尊重你。

勤奋刻苦是一所高尚的学校，所有想有所成就的人都必须进入其中。在那里，人可以学到有用的知识、独立的精神和坚韧的习惯等。

勤奋是保持高效率的前提，只有勤勤恳恳、扎扎实实地工作，才能发挥出自己的才能和潜力，在短时间内创造出更多的价值。一个缺乏勤奋精神的人，只能观望他人在事业上不断取得成就，而自己却只能在懒散中消耗生命，甚至因为工作效率低下而失去谋生之本。

机遇垂青勤恳工作的人

日本"保险行销之神"原一平，身材瘦小，相貌平平，这些足以影响他在客户心目中的形象，所以他起初的推销业绩并不理想。原一平后来想，我确实要比别人多一些劣势，那只有靠勤奋——弥补它们。为了实现力争第一的梦想，原一平竭尽全力去工作。早上5点钟睁开眼后，马上展开一天的活动：6点半钟往客户家打电话，最后确定访问时间；7点钟吃早饭，与妻子商谈工作；8点钟到公司去上班；9点钟出去行销；下午6点钟下班回家；晚上8点钟开始读书、反省，安排新方案；11点钟准时就寝。

这就是他最典型的一天的生活，从早到晚一刻不闲地工作，把该做的事及时做完。他最后也因此摘取了日本保险史上"销售之王"的桂冠。

机遇掌握在勤勤恳恳工作的人手上，所谓成功正是这些人智慧和勤劳的结果。

华勒现在是堪斯亚建筑工程公司的执行副总，然而就在几年前，他还是作为一名送水工被堪斯亚一支建筑队招聘进来的。华勒并不像其他送水工那样，把水桶搬进来之后，就一边抱怨工资太少，一边缩在墙角抽烟。相反，他热心地给每个工人倒满水，并在工人休息时缠住他们讲解关于建筑的各项工作。很快，这个勤奋好学的人引起了建筑队长的注意。两周后，华勒当上了计时员。

做上计时员的华勒依旧勤勤恳恳地工作，他总是早上第一个上班，晚上最后一个下班。因为他对所有建筑工作，像是打地基、垒砖、刷泥浆都非常熟悉，建筑队的负责人不在时，工人们总是询问他。

一次，负责人见到华勒把旧的红色法兰绒撕开包在日光灯上，替代危险警示灯，来解决施工时没有足够红灯的困难，他决定让这个勤恳又能干的年轻人来当自己的助理。现在，华勒已经成了公司的副总，可他还是像往常一样，特别专注于工作，勤勤恳恳，任劳任怨。

他经常鼓励大家学习和运用新知识，还常常拟计划、画草图，向大家提出各种好的建议，只要有一点时间，他就想把客户希望他做的所有事做好。

华勒并没有什么异于常人的才华，他不过是一个贫苦的孩子，一个普普通通的送水工，可是他凭着勤奋工作的美德，被上司赏识，并一步步成长起来。没有什么比这样的故事更让人心灵震颤了，也没什么比它更能洗涤我们被享受和功利污染的心灵了。

勤奋的人总有出头之日

小明在考托福与雅思的过程中，提到过这样一个观点，有的同学认为英语水平不高也可能会申请到不错的学校。而小明认为，如果有的人看到别人英语不太好也能申请到不错的学校，后来又看到有人因为没怎么发论文或者是没有充足地进行自我介绍也申请到学校了，就会心存侥幸地松懈下来。如果沿着这样的思路下想下去，你各个方面都不去好好准备，最后肯定没戏。如果想申请出去，就必须在各个方面朝着最高的标准去努力。

小明所在的大学，有的同学习惯自己独自完成作业，而有的同学往往是抄别人的，还最后交。那些最后交作业的人觉得，还有很多人没交，我不用太着急。可是，一到毕业的时候，从就业或者考研的情况很明显就可以看出这两类人的区别。勤奋的人的结果终究并不会太差，就算一时失落，也会有出头之日。勤奋会让自己在各个方面严格要求自己，即使自身的某一条件由于意外而处于不佳状态，其他方面也会迅速地弥补过来，对于整体的影响不会太大，自己的状态波动不会过于明显。

小明有个同学申请了出国留学，他在英语、学术论文、自我介绍、面试等各个方面，由于平日里自己的勤奋而表现得特别优秀。尽管在英语考试的当天由于生病发挥不正常，成绩受影响，但其他方面的优秀，足以弥补这一点。让整体的表现不会由于这一点而出现损失。

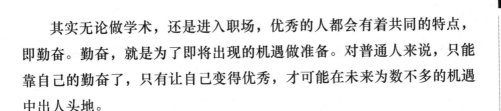

其实无论做学术，还是进入职场，优秀的人都会有着共同的特点，即勤奋。勤奋，就是为了即将出现的机遇做准备。对普通人来说，只能靠自己的勤奋了，只有让自己变得优秀，才可能在未来为数不多的机遇中出人头地。

因此，勤奋与机遇的关系，相辅相成，勤奋是为以后的机遇做准备。所以，没有天赋异禀或显赫家世的普通人更加需要勤奋。

选择机遇的美国人

曾经听过一个笑话，说的是三个外国人偶然相遇，闲聊中争论起一个话题：谁是最幸运的人？

法国人目光温柔起来："你在旅途中寂寞失意。幸运地邂逅一位姑娘，美丽动人。酒店里，葡萄酒和小夜曲撩起爱慕的激情，春风一宵，然后笑着道别。"

苏联人撇撇嘴道："夜半三更，克格勃急切地敲开门，嚷着：'伊万，伊万诺夫，你被捕了'，而你可以骄傲地回答：'对不起，伊万诺夫住在隔壁'。很幸运，不是吗？"

美国人最后说："你做好准备，然后押上全部家产，买进一路狂跌的石油股票。幸运的是，西部油井居然开采成功，股价飙升，因此大发成了富翁。"

细究此处，美国人所向往的暴富，不正是通过事前准备、搜集信息资料的勤奋而迎来的机遇吗？

事业的展开，需要努力和勤奋，需要冲击和韧性，在过程中体会意义，感受幸福，走向成功。而良好的习惯和人格的完善，则避免了颓废、自暴自弃和堕落，才是真正的幸运。

能把握机会的人是幸运的，能顽强忍耐地等待机会和看到机会更是一种智慧。只有不懈地努力，接触新生事物，增加知识的广度和厚度，才会有能力应对各种挑战，有韧性面对挫折，发现稍纵即逝的机遇。

第三节　认真的人能看清机遇的路标

认真是做人的基础

有两则关于德国人的笑话：

一则是说，如果在大街上遗失一元钱，英国人从不惊慌，顶多耸一下肩，仍然很绅士地往前走去，好像什么事也没发生一样。美国人则很可能求助于警察，报案之后留下电话，然后嚼着口香糖扬长而去。日本人一定很怨恨自己那么粗心大意，回到家中反复检讨，发誓自己不再遗失第二次。只有德国人与众不同，会立即在遗失地点的 100 平方米之内，画上坐标和方格，一格一格地用放大镜去寻找。

还有一则笑话是说，如果啤酒里有一只苍蝇，美国人会马上找律师，法国人会拒绝付钱，英国人会幽默几句，而德国人则会用镊子夹出苍蝇，并郑重其事地化验啤酒里是否已经有了细菌。

虽然只是两则小笑话，但从侧面反映出德国人严谨认真的态度和科学求实的精神，这种精神正是现代社会所需要的。

可能有些人会认为这些微不足道的小事不值得这样认真，其实不然，并不是只有生死攸关的时刻才要求百分之百地认真，认真恰巧在小事、细节中得以体现。

在竞争越来越激烈的21世纪，即使只是一丝微小的差异，也可能成为决定胜负的关键。不管企业的生存发展，还是每个员工在职业生涯中自我价值的实现，都要求认真，认真，再认真，由不得半点儿敷衍和糊弄。

众所周知，除了少数"天才"，我们多数人的资质其实相差无几。随着社会的发展，人与人在知识与智力方面的差异已经变得越来越小。那么，究竟是什么原因，造成人和人之间的巨大差距呢？答案就是认真的程度。认真，能够让一个普普通通、毫无背景的人脱颖而出，创造出不凡的实绩；不认真，则会让一个才华横溢、能力超群的人庸庸碌碌，成为被社会淘汰的对象。可见，认真在工作中是如此重要。

认真，就是做任何事情都严谨细致，一丝不苟，绝不懈怠。认真是一种精神，一种形象，更是一种力量。

认真，是做人的基础。真乃诚之基，诚乃政之本，言无信不立。一个诚实守信的人，必然是一个遇事绝不马虎的人。一个人事事认真，待人接物诚实守信，就能够成为一个受人尊重、值得信赖的人。一个人在学习上严肃认真，就会孜孜不倦，一丝不苟，刻苦钻研，以求精通。一个人对待工作严肃认真，就会爱岗敬业，精益求精。这样做，才能有所作为、有所贡献。

坚持认真的态度

认真，难在坚持。一时的认真并不难，难的是一辈子认真。凡事认真才能出成绩、出实效。工作不认真，大而化之，也许可以省心省事，但解决不了矛盾，还容易出问题。认真本身就是一种艰苦奋斗，需要付出持之以恒的努力，需要有锲而不舍、坚持不懈的恒心和信念，需要有不解决问题不撒手、不达目的不罢休的韧劲儿和魄力。

认真的程度决定成就的大小，要想成就事业，就要把认真作为座右铭。当认真成为一种力量时，就会把平凡简单的事情做到极致，把棘手的难题破解开来，进而达到卓越、走向成功。

如果你在小事上得过且过，那么你在大事上、在一生中一定也是一个得过且过的人。

毛泽东曾说过："世界上就怕认真二字。"尽管我们每个人地位不同，分工不同，职责不同，但相同的是，只要我们认真做人，就有识别机遇的能力，成功的可能。

抓住机遇不需要好高骛远的雄心壮志，也不需要眼高手低的做事态度，只要我们以认真的态度对待所做的事情，积小步而行千里，就能成事。

第四节　机遇更青睐有智慧的人

平庸的人只能等待机遇来敲门，而有智慧的人则敢于坚定地叩响机遇之门。

过人的智慧吸引机遇

卡罗·道恩斯原本是一家银行的职员，可他放弃了这份在别人看来安逸而自己觉得不能充分发挥才能的职业，来到杜兰特的公司工作。当时杜兰特开了一家汽车公司，这家汽车公司就是后来声名显赫的通用汽车公司。

工作六个月之后，道恩斯想了解杜兰特对自己工作优缺点的评价，于是他给杜兰特写了一封信。道恩斯在信中提出了几个问题，其中最后一个问题是："我能不能在更重要的职位从事更重要的工作？"杜兰特对前几个问题没有作答，只就最后一个问题做了批示："现在任命你负责监督新厂机器的安装工作，但不保证升迁或加薪。"杜兰特把施工的图纸交到道恩斯手里，要求："你要依图施工，看你做得如何。"

道恩斯从未接受过任何这方面的训练，但他心里很清楚，这是个绝好的机会，不能轻易放弃。道恩斯没有丝毫慌乱，他认真钻研图纸，又找到相关的人员，做了缜密的分析和研究，很快他就弄懂了这项工作，终于提前一个星期完成了公司交给他的任务。

当道恩斯去向杜兰特汇报工作时，他突然发现紧挨着杜兰特办公室的另一间办公室的门上方写着：卡罗·道恩斯总经理。

杜兰特告诉他，他已经是公司的总经理了，而且年薪在原来的基础上在后面添个零。

杜兰特对卡罗·道恩斯说："给你那些图纸时，我知道你根本看不懂。但是我要看你怎样处理。结果我发现，你具有领导才能。你有勇气直接向我要求更高的薪水和职位，这不是件容易的事。我特别欣赏你这一点，因为机会总是垂青那些主动出击的人。"

卡罗·道恩斯正因为具有过人的智慧和明智的判断，才紧紧抓住眼前的机遇，获得杜兰特的青睐。

待机而动的智慧

诸葛亮，字孔明，是三国时蜀汉著名政治家，军事家。他15岁时随家人为逃避战乱，离开山东老家辗转到湖北襄阳避难。17岁时隐居在襄阳城西的隆中。诸葛亮年少时就胸怀大志，常把自己比作春秋时大政治家管仲和军事家乐毅。所以，他隐居隆中，边种地，边修学，静观天下，待机而出，人称"卧龙"。

汉末以来军阀混战的形势已趋明朗。曹操基本上统一中国北方，势力最大。孙权割据江东统治巩固势力次之。刘表、刘璋等军阀也各有地盘。刘备在参加镇压黄巾起义军中，组成了一个势力不大的军事集团，但屡次被曹操击败，被迫辗转投靠，没有自己固定的领地。为发展自己势力，到处寻访人才。

刘备"三顾茅庐"，请诸葛亮出山辅佐。诸葛亮向刘备精辟地分析了当时的政治形势，并提出了对策，这就是有名的"隆中对"。

诸葛亮登上政治舞台，成为刘备的主要谋士，掌握着军政大权。他联孙抗曹，取得著名的赤壁之战的胜利，并乘机占领荆州，进军四川，取得益州，形成魏、蜀、吴三国鼎立的局面，为刘备建立和巩固蜀汉政权，做出了巨大贡献。

诸葛亮待机而动，也是一种大智慧啊。当然，他在"待机"的时候，也在时刻关注着外面的政治形势，而且不断修学让自己更加博学。机遇来时，便一鸣惊人。

拿破仑·波拿巴是法国 18 世纪政治家、军事家，也是法兰西第一帝国和百日王朝皇帝。可他原本只是一个小小的尉级炮兵军官。

1793 年，他被派往前线，参加进攻土伦的战役。正当革命军前线指挥官面对土伦坚固的防守不知如何是好的时候，拿破仑立刻抓住这个机会，直接向特派员萨利切蒂提出了新的作战方案。在特派员苦无良策时，拿破仑的方案恰好出现又很有新意，特派员就立即任命拿破仑为攻城炮兵副指挥，并提升为少校。拿破仑抓住这个机遇，在前线精心谋划，勇敢战斗，充分显示出他的胆识和才智。因此荣立战功，终于一举成名，为他后来叱咤风云，登上权力顶峰奠定了基础。

人的一生，就是无数次选择的组合，而每一次的选择，实际上就是我们所获得的一次机遇。一次机遇，能改变一个人的命运，机遇在一个人的成功之路上具有举足轻重的作用。弱者处在机遇中却浑然不觉，在坐等机遇中白白浪费掉大好机遇；强者能抓住眼下时机，当机立断把握机会；而智者却能在毫无机会的情况下，为自己创造机会。

放眼望去，在我们的身边，不缺少才华卓著之人，也不乏勤奋肯干的人，可是总有许多人与成功无缘，是机会从不曾降临在他们的头上吗？不是的，虽然人的出身或者生活、工作环境有所差异是一个现实因素，但这并不是最关键的，实际上，机会对每一个人都是平等的，问题在于你有没有真正地认识到机会和有没有真正地抓住机会，更为重要的问题在于你有没有巧妙地运用好手中的机会！

不自知，有机会也枉然

项羽文武双全，深谙兵法，大破秦军，取代了统帅诸侯的地位，然刘邦背信弃义，围击项羽，项羽率领护从骑兵800多人冲破重围，向南疾驰，渡淮后逃至乌江，乌江亭长舣船而待，劝项羽急渡，养精蓄锐，日后在江东称王。而项羽这时已丧失了斗志，把失败归于天意，感到无颜见江东父老，于是将战马送给乌江亭长，手持短兵自刎而死。

项羽之败固然有其气节，然而英雄就此陨落却也是既成事实。其实，项羽能突破重围逃至乌江，已经为自己争取到了一个机会，正如亭长所言，"养精蓄锐，日后称王于江东，待时再起"，然而项羽却身在机会而不自知，悲观自刎，实在可惜。

我们再来看看唐代文学家陈子昂是怎么巧妙创造和利用机会的。

巧用智慧制造机遇

　　陈子昂年轻时上京赶考，由于遭到排挤和阻碍被取消了考试资格，陈子昂就找了一个"托儿"，到街上卖古筝，开出一百万两银子的天价，就在众人围观下，陈子昂挤进人群"买"下来了古筝，围观者让其演奏一曲，陈子昂却突然一把举起古筝砸了个稀巴烂，然后对大家说区区一把古筝，又怎么能与我四川陈子昂的诗文三百相比呢，大家纷纷表示想拜读他的文章，陈子昂趁热打铁，把诗文发给了大家，他的名声在一天之内就传遍了整个北京城，更有书商主动找到陈子昂，出版了他的首部传世著作《伯玉初集》。而这本书也带着陈子昂的文采进入了当时的皇帝唐睿宗眼中，唐睿宗就下令给陈子昂一个补考机会，最终，陈子昂不负众望，高中进士，从此踏上仕途之路，不但为百姓们做了许多好事，还成了一位名留青史的大文学家！

　　陈子昂在失败的时候，却让更多人看到他的文章并以此扬名，就是他的机遇。他选择用一种迂回方式从侧面来提升自己的形象，然后用一种众人敬仰的高姿态去分发文章，这才让他梦想成真。试想一下，如果陈子昂直接跑到大街上向路人分发自己的文章，那他的文章就不会那么打动人，甚至都不一定会有人看。

　　要想利用机遇，就要成为善用机遇的高手，就必须要有智慧，去发现机会、认识机会，抓住机会和创造机会。在现实生活中，为什么总有人在哀叹自己虽然全力以赴，却一事无成？总是有人在叹息自己为什么一次又一次地痛失机遇？为什么又总有人叹息自己身在机遇之中却做错了事情而最终导致失败？

那是因为，能认识到机遇不代表能抓住机遇，能抓住机遇不代表能创造机遇，能创造机遇不代表能有效和巧妙地运用机遇。机遇在有的人手中是一个虚幻的泡影，或是一把刺向自己的利剑，而在有的人手中，却是一步人生的台阶。区别在哪里？归根结底，就是运用机遇的智慧有所不同，才令有些人满载而归，而另一些人自叹弗如了。

第五节　机遇偏爱有准备的人

准备和失败是成反比的，你越是轻视准备，失败就会越看重你。要抓住机遇就要早日做好准备。

一无所获的猎人

从前，有个猎人外出打猎，人们劝他装上子弹，他却大为恼火："废话，离打猎的地方还很远呢，装一百发子弹也来得及！"走着走着，就见一大群野鸭密密地浮在水面上。这时开枪，收获肯定不小。可惜，就在他匆匆忙忙装子弹时，野鸭有了警觉，飞得无影无踪了。

机遇在很多情况下都是突然出现的，所以只有那些有充足准备的人才能及时利用机遇。没有充足的准备，机遇就算出现了也无济于事。猎人之所以会失去了猎物，就是因为没有做好打猎的准备。

中国有句古话："台上一分钟，台下十年功。"这句名言就说明了平时准备的重要性。

的确，如果没有一双足够敏锐的眼睛，就看不到擦肩而过的机遇；没有足够的知识准备和能力素养，就捕捉不到稍纵即逝的机遇。而所有的一切，都需要经过长时间的锻炼才能拥有。如果你想抓住身边的机遇，不妨先做一个有准备的人。

充分准备，迎接机遇

有一位著名的老教授准备在学生中招一名助手，很多学生们想得到这个机会，纷纷踊跃报名。由于他们都是很优秀的学生，而名额却只有一个，教授也不知道该怎样选择。于是，他给学生出了一道非常简单的题："我下次再来时，谁把自己的课桌收拾得干净整洁，谁就能得到这个职位"。

老教授离开后，每到星期三早上，所有学生都会把自己的桌面收拾干净。由于星期三是老教授例行前来拜访的日子，只是不确定他会在哪个星期三来到。其中有一个学生的想法和其他学生不一样。他一心想得到老教授的垂青，生怕教授会临时在星期三以外的日子突然到访。于是，他每天早上都把自己的桌椅收拾整齐。但是在上午收拾妥当的桌面到下午又开始凌乱起来。他又担心教授会在下午来到，于是又在下午收拾一次。尽管如此，他想想还是觉得不妥，假如教授在一小时以后到访还是会看到他凌乱的桌面，便又决心每小时收拾一次。到最后，他想到如果教授随时会来，还是有可能看到他的桌面不整洁。终于，这个学生想清楚了，他必须时刻保持自己桌面的整洁，随时欢迎教授的光临。一个月后的某一天，老教授不期而至，这个学生如愿以偿地获得了那个职位。

从这个故事我们可以得知，机遇对每个人都是平等的，但是它总和没有做好准备的人擦肩而过而总是被准备好的人抓住。

有很多人喜欢埋怨自己命运不济："为什么我的命这么不好，而别人的命这么好啊？"看到别人升职，他们就会说"凭什么是他不是我"；看到别人加薪，他们就会说"凭什么他拿得比我多"。其实，他们看到的只是表面的东西，而没有看到别人在工作时的付出和努力，别人凭的就是你没有看到的事前准备。

古人说："欲工善其事，必先利其器。"要收割，就要先准备好镰；想过河，就要先准备好船；想捕鱼，你就得先结好网；要战斗，你得先准备好你的武器。其实命运也好，机遇也罢，对每个人都是平等的，只是它常常眷顾那些孜孜以求、早有准备的人。

精心准备得机遇

莱斯·布朗和他的双胞胎兄弟出生在迈阿密一个非常贫困的社区，出生后不久就被帮厨工梅米·布朗收养了。由于莱斯十分好动，又含含糊糊地说个不停，所以他小学就被安排进一个专门为学习有障碍的学生开设的特教班，直到高中毕业。毕业之后，他成了迈阿密滩的一名城市环卫工人。但他一直梦想成为一名电台音乐节目主持人。每天晚上，他都会把他的晶体管收音机抱到床上，听本地电台的音乐节目主持人谈论摇滚乐。在他那间窄小的房间里，他创建了一个假想的电台。用一把梳子当成麦克风，念经一般喋喋不休地练习，用行话向他的"影子"听众介绍唱片。每当他母亲和兄弟听到他的声音，就会对他大声呵斥，让他别再说了。可是，莱斯根本就不理睬他们，他已经完全沉醉在自己的世界里。一天，莱斯利用在市区割草的午休时间，勇敢地来到了本地电台。他走进经理办公室，说他想成为一名流行音乐节目主持人。

经理打量着眼前这位头戴草帽、衣衫不整的年轻人，然后问道："你有广播方面的经验吗？"莱斯回答道："先生，我没有。"

"那么，孩子，恐怕我们这里没有你能做的工作。"于是，莱斯非常有礼貌地向经理道了谢，然后就离开了。经理以为再也不会见到这个年轻人了。然而他低估了莱斯·布朗对自己理想的投入程度。

莱斯连续一周每天都到这家电台去，询问是否有职位空缺。最后，电台经理终于让步了，决定雇他做杂工，但没有薪水可领。在电台里，无论人们吩咐莱斯做什么，他都会去做——有时候甚至做得更多。在工作之余，他总是尽量待在控制室里，潜心学习，直到他们让他离开。莱斯晚上回到自己的房间，就认真投入地进行练习，为他确信一定会到来的机遇做好准备。

一个星期日的下午，莱斯还在电台里，有一位叫约翰的主持人一边播着音，一边喝着酒。而这时，整栋大楼里除了他就只有莱斯一个人了。莱斯意识到：这样一直下去，约翰肯定会喝出问题的。正在这时，电话铃响了，莱斯立刻冲过去，拿起听筒。果不出莱斯所料，正是电台经理打来的。

"莱斯，我是克莱恩先生。"

"嗯，我知道。"莱斯答道。

"莱斯，我想约翰是不能把他的节目坚持到底了。"

"是的，先生。"

"你能打电话通知其他主持人，让他们谁过来接替约翰吗？"

"好的，先生我一定会办好的。"

然而莱斯一挂断电话就自言自语道："马上他就会觉得我一定是疯了！"莱斯确实打了电话，却并没有打给其他主持人。他先打电话给他妈妈，然后是他女朋友。他说："你们快到外面的房间去，打开收音机，因为，我就要开始播音了！"

等了大约15分钟，他给经理打了个电话，说："克莱恩先生，我一个主持人也找不到。"

"小伙子，你会操作演播室里的控制键吗？"克莱恩先生问道。

"我会的，先生。"他答道。莱斯箭一般地冲进演播室轻轻地把约翰移到一边，坐在了录音转播台前。

他准备好了，并早就渴望这个机遇来临。他轻轻打开麦克风开关，说："大家好！我是莱斯·布朗，人称唱片播放叔叔，我喜欢和大家在一起倾听音乐，品味生活。我一定能够带给你们一档丰富多彩的节目，让你们满意。我就是你们最喜爱的人！"

由于有了精心准备，莱斯赢得了听众和总经理的心。从那改变一生的机遇起，莱斯开始了在广播、政治、演讲和电视等方面的成功的职业生涯。

准备对每个人来说，都非常重要。一个做好准备的人才能轻松面对生活中的突变和压力，不会出现一些小的差错；一个做好准备的员工，才能从容不迫地面对工作的挑战和任务，保证完成自己的工作；一个做好准备的企业，才能避免自己的决策太过盲目、经营缺乏灵活，从而成为一个前程远大的公司。

古人说："凡事预则立，不预则废。"从某种程度上说，每一次失败或差错，都是由于准备不足而造成的；每一次成功，都是因为准备充足而造就的。

"机遇只偏爱有准备的人"是一句早为人们所熟知的名言。一个人要想获得某种成功，必须具备一定的条件，需要有良好的准备作为依托。

的确，机遇总是偏爱那些有能力、有才能的人。但是，这些能力与才干的获得，无一不是来自艰苦不懈的努力。

不付出眼泪、辛劳和汗水，就不能获得成功。没有所处时代所赐予的良机，就不会有成功者的人生辉煌和事业成就。然而，面对同样的环境，面对环境所给予的同样机遇，并非每个人都能成为幸运儿。在得到命运垂青之前，成功者都经过了长期、艰苦的准备。他们之所以能够获得命运更多的青睐，就是由于他们较之常人为此进行了更为漫长和充分的准备。他们就像一颗颗种子，在黑暗的泥土中蓄积营养和能量，只要听到春风的呼唤，他们就会破土而出，生长成挺拔俊秀的栋梁之材。

机遇是一种稀缺的、条件苛刻的资源，要得到它，必须付出相当的代价和成本，必须具备相应的足以胜任的资格，而这一切都离不开长期艰苦的准备。

如果机遇可以被每个人轻而易举地得到，那么这种机遇便显得没有多大价值了。同样，当人人都知道的时候，机遇也正在迅速消失。

第六节　机遇永远属于乐观者

乐观的人在每一次忧虑中，都能看到一个机遇，而悲观的人则在每个机遇中都看到某种忧虑。乐观是积极的情感之一，它对人们事业的成功起着举足轻重的作用。

积极的情感，是人们身心健康发展的内在驱动力，它能促使人们主动向上，让人们的工作、学习和生活有品位，激发人们的工作热情，帮助人们提高工作效率。乐观能帮助人们排除疑虑，更加自信；乐观能让人们设定目标全心投入；乐观能让人们坚持到底，收获丰厚。一般来说，有志于自主创业的人们在创业之初，往往面临着否定、忧虑等消极信息，而只有乐观的态度，才能开启事业之门，并使之始终充满活力。

乐观情绪的神奇力量

积极的态度对人的影响到底有多大呢？美国的医生做过相关的实验：

他们让患者服用安慰剂。安慰剂呈粉状，是用水和糖加上某些颜色配制而成的。当患者相信药力，也就是说，当他们对安慰剂的效力，持乐观态度时，治疗效果就十分显著。如果医生自己也相信这个处方的力量，效果就更为显著了。这一点已用实验得到证实。医生们坚信自己的治疗质量，尽管为患者开了一副无效的药方，但结果却是：服用安慰剂以后，几乎90%的患者感到病情大大减轻，有人甚至痊愈。

这就是乐观情绪的神奇作用，让没有疗效的药物治愈病人。

有一只蜘蛛艰难地向墙壁上已经支离破碎的网爬去，因为刚下过雨，墙壁十分潮湿，它爬到一定的高度后就会掉下来。尽管它一次次地向上爬但还是一次次地掉下来……

有一个人看到，叹了一口气说："我的一生不正像这只蜘蛛一样吗？庸庸碌碌而无所得。"于是他变得消沉起来。又有一个人看到了，也叹了一口气自言自语："这只蜘蛛太蠢了，为什么不从旁边干燥的地方绕一下爬过去呢？我以后可不能像它那样愚蠢了。"于是，他变得聪明起来。还有一个人见到后，说："这只蜘蛛屡败屡战的精神真令人感动！"于是，他变得坚强起来。

如果你的想法积极，即使身处炼狱，你也会把它看成天堂；假如你

拥有消极的想法，即使身在天堂，你也会认为是在炼狱。千万要记住，一个人思考的角度，可以决定你面对事情的态度。

乐观后面跟着机遇

在武汉一个环卫工人家庭，李建华出生了。他一岁半时由于小儿麻痹症造成右腿残疾。"残疾"是李建华心中永远的痛，而他将这种痛化作奋发向上、永不言败的精神，出人头地、干一番事业的想法从他记事起就深深印在心里。他要向世人证明："正常人能做到的事，我也能做到，还能做得更好。"

少年时的李建华的理想是成为一名画家。从高中开始，李建华就到一家美术加工厂做学徒，学习绘画手艺。1979 年高中毕业后就留在加工厂工作，这段时间，他参加了湖北美术学院的自修学习，拜名师门下，认真学习，绘画水平得到了质的提高。1985 年李建华下岗后，靠卖画为生。

1989 年，李建华的画作销售进入低谷期。为了维持生计，李建华开始把目光放在小成本创业项目上，当时有一种泡沫底芯绒鞋面的拖鞋销路不错，李建华拿出 4000 元积蓄，和妻子在家里开了一个手工制鞋作坊。

当时，每双鞋的利润只有几分钱，李建华白天挂着拐杖骑自行车到汉正街送货，晚上到航空路摆地摊卖。这样辛辛苦苦做了一年，夫妻俩没能赚到一分钱，但令李建华欣慰的是，这段时间积累了不少采购和销售方面的经验，认识了一些制鞋行业的朋友；最重要的是，他看准了这个行业大有可为。

1990 年，李建华出资 5000 元，和另外两个朋友承包了武汉长丰乡东风村布鞋厂。这两个合伙人原来都是国有鞋厂的专业技术和销售人员，在合作的一年时间里，李建华跟着他们学习生产技术和营销管理的技能。1991年，李建华决定单干，投资了3万元承包了硚口区汉中街居委会的汉中市鞋厂，仿制北京布鞋。为了节约成本，李建华自己亲自做送货员。他在载重自行车的脚踏板上安装了一个铁环，把一只可以活动的脚固定在上面。冬去春来，李建华每天驮着近100千克的货往返汉正街三次，只靠单腿一圈一圈地踩，因为腿脚不便，载货过重，刹车时经常会硬生生地摔倒在地上。在最后一次从自行车上掉下来后，李建华从单拐变成了双拐。

尽管遇到这么多的艰难险阻，李建华仍然乐观豁达，为自己赢得了不少好人缘，带来了许多商机。行走不便的李建华，为了打开销路，挂着双拐走遍了全国各大城市，了解市场行情，结交同行朋友。1993年，李建华在从昆明回武汉的火车上碰见一个"老乡"，这个自称是云南某部队的后勤采购人员，一次性骗走了李建华6万元的货物。在被骗后的20天里，李建华跑遍了昆明的鞋业批发市场，在当地警察和批发商的帮助下终于抓住了骗他的人。

就在这次追寻过程中，李建华意外地发现，一种部队生产的车胎底军用布鞋很受市民欢迎。回武汉后，李建华对鞋厂的设备进行工艺改良，研发与军用布鞋相仿的产品。3个月后，李建华带着标有自己品牌的第一批货来到昆明，以每双低于军用鞋7块钱的价格批给当地鞋商，被批发商们抢购一空，随即全国各地的订单像雪片一样飞到了武汉。第一年李建华生产了30万双，第二年开始，每个月的产量提升到15万双，这样足足做了5年。这个商机让李建华美美地赚了一笔，也让他的企业有了质的提升。

1999年，李建华投资建成武汉安步鞋业有限公司生产运动鞋，厂房面积扩大至1000平方米，80%的产品通过湖北省外贸销往日本、法国、德国等地。按订单生产，减少盲目性，盘活了更多的资金，企业开始良性发展。

如今，李建华的鞋业公司有400多名员工，其中有近70名残疾人。正是他的一副热心肠，2003年李建华被授予武汉市首届"十大杰出残疾人"的称号。

在坎坷的创业路上，帮助李建华走向成功的一双拐杖便是坚韧和乐观。成功学的始祖拿破仑·希尔告诉我们，人的心态在很大程度上决定了人生的成败，他说，一个人能否成功，关键在于他的心态。你如何对待生活，生活就会如何对待你；你如何对待别人，别人就如何对待你；你在一项任务刚开始时的心态决定了最后有多大的成功。

成功人士与失败人士的差别在于此，成功人士有积极的心态，而失败人士则用消极的心态去面对人生。一个人的信念可以是积极的，也可以是消极的。积极的信念会让人乐观向上，朝气蓬勃；消极的信念，则会让人畏畏缩缩，丧失斗志。从成功人士的信念系统来看，他们始终充满了斗志，充满了积极乐观的精神，所以，信念始终成为引导和鼓励他们朝着既定目标前进的指路明灯和推进器。一个人如果拥有乐观品质，他就会主动地发现、积极地寻找一个个属于他的机遇。相反，一个人如果悲观失望，消极等待，那么机遇永远只会徘徊在他身边。实际上，在面对未来的时候，我们怀抱着不同的心态，就会导致不同的结局，而任何一个结果验证的永远是一句话：在这个社会中，只有乐观者才能抓住机遇，创造机遇。

消极的态度让机遇转瞬即逝

小李一直在公司的一个部门工作，有一天，领导突然找他谈话，要把他调到其他部门工作。小李想，领导为什么不让我继续在原来的部门工作了呢，调我是不是因为我犯了什么错误。对新的部门我感觉很陌生，那里肯定不是什么好地方。一连串消极的想法涌上心头，小李对自己的前途也失去了信心，于是他想方设法留在原来的部门。领导没办法，就派了小王到其他部门。三年后，他依然在原来的部门做着原来的工作，而小王已经被提升为那个部门的主任了。一次，领导酒后和小李说："其实我当时是想升迁你的，可惜你不愿意调去新部门。"

表面上波澜不惊的一次调动，实则是小李升职加薪的大好机会。如果当时小李乐观一些，认为自己换一个新的部门未尝不是一件好事，是领导看重自己的表现。信心百倍地到新岗位赴任，在那里他就会变得积极而勤奋，那么后来升职的多半是他。

所以，人有的时候是走运还是背运，往往都是自己一手造成的，是心态造成的，为什么有很多人还没来得及大展拳脚就失败了，就因为当机遇来临时，你认为不是机遇，不努力寻求，不乐观面对，悲观消极，让机遇一再错过你。正如丘吉尔所说："悲观者，于每个机遇中看到困难；乐观者，于每个困难中看到机遇。"

第3章

好人缘带来好机遇

人脉对现代人而言,似乎成了成功的最关键因素。工作上的提携,生活中的资助,团队间的协作,就连最简单的买东西这件事,也能若有似无地看出一个人的"关系"好坏。

第一节　人脉是一笔无形资产

　　人脉资源就是一笔眼睛看不见的无形资产。你的人脉资源越丰富，赚钱的方法也就更多；你的人脉档次越高，你赚钱的速度就越快。

　　几乎每个人都有过这样的体验：你要去办某件事，如果你不认识当事人，往往在打交道的过程中会显得比较艰难。但如果有一位关键人物协助你，能够向当事人举荐你，相信你成功的机遇就会增加很多。这就是"人脉力量"的体现。

　　人脉资源是一种潜在的无形资产，也是一种潜在的财富。人脉资源越宽广，做起事来就越方便。假如一个人能够有一些具有影响力的人助其一臂之力，那么他们在事业的发展上就能够少遭受些挫折，成功的可能性就会比没有旁人帮忙的人大很多。

人脉带来发展的机会

　　吴樉华是1993年来上海的，他第一年来上海是担任一家珠宝公司的总经理，负责在上海筹建业务，开设零售店。这份工作是他香港的朋友推荐过来的。

　　利用在同一个商厦办公的便利，吴樉华逐渐认识了他来上海的第一批朋友。这些朋友中，都是做各种各样的生意的，其中有很多都是在上海的香港人。在这些香港朋友的介绍下加入了上海香港商会。后来香港商会的一位副会长朋友由于工作调离上海，便推荐吴椹华成了香港商会的副会长。而利用香港商会这个平台，吴椹华又认识了一大批在上海工作的香港成功人士。

"在烟草公司做首席代表的这几年里，是我朋友发展最多、最快的时候。"吴椹华回忆道。为了扩展市场，公司允许吴椹华报销每个月和客户吃饭等交际费用。"那个时候，经常请朋友去吃饭，基本一个月要花费好几万元，一年下来100万元左右。而且由于是大公司可以认识到很多体面的人。这也是一个机遇，可以认识很多朋友。"

直到集团被收购，公司把他派驻到其他地区，他才猛然发现，他已经离不开上海了。他的绝大部分朋友都在上海，他觉得离开上海，自己辛苦建正起来的人脉就浪费了。于是，他决定离开烟草公司。2000年，在朋友的介绍下，他担任了一家外资咨询公司的副总裁，手下有100多人，但是不到几个月，他就辞职了。

由于自小就喜欢体育运动，吴椹华参加过许多体育培训班。还拿到中国风帆教练资格，并开班教过人。另外受父亲的影响，吴椹华的父亲曾经是香港东方体育会的会长、东方足球队的领队。所以在香港商会的时候吴椹华组织了足球队等体育活动，加深商会成员的感情。这期间，吴椹华有了创办一个体育会的想法。

吴椹华说："那个时候，我来上海也有五六年了，对上海也比较熟悉，知道来上海的香港人都很忙碌又没有合适的团队做做运动休闲。"1997年吴椹华创办了香港体育会并担任会长。这是一个自发的群体性体育组织，最初才20多个成员。为了运动的时候开心一点，大家凑在一起。渐渐地，大家在玩儿的同时成了好朋友，有些自然就成了生意上的伙伴。朋友带朋友，这个圈子越来越大，作为会长的吴椹华，花费了更多的时间和精力来经营这项事业，也给他带来了更多的朋友。

"我们不光是在一起体育锻炼，玩儿的过程中也促成了信息的交流，"吴椹华说，"这几年来，我们已经发展到了200多个会员。这些人几乎每个人的名字我都叫得出。"即使在大家都很忙碌的情况下，吴榑华组织大家活动的时候，每次都会有五六十人参加。

为了"寓商机于休闲"，吴榑华成立了上海威顺（Vision）康乐体育咨询有限公司。在吴榑华的名片背面，印着公司的经营范围："会所项目前期策划咨询及管理；餐饮项目策划咨询管理；会员卡销售策划咨询管理；康乐体育相关项目投资咨询及策划管理……"

吴榑华说，"其实通过我手上的人脉关系，做什么事情都会比较轻松。然而我认识这么朋友以来，我从来没有以什么商业或者生意上的目的去找过朋友，都是朋友主动帮助我的。朋友有什么生意，会马上想到我并且通知我。"在1999年和2000年的时候吴榑华在朋友的推荐下开始投资房地产。当时上海的房地产开始火热起来，很多楼盘都开始出现排队买房的盛况。而有时候即使排队了也不一定买得到房。"我通过一些朋友，可以很容易买到房子，而且还是打折的，"吴榑华说，"没有朋友，我不可能拿到房型这么好的房子，而且有时候折扣很高。有些楼盘还没有开盘，朋友就已经给我把房子留好了。"2004年12月，有一个朋友告诉吴榑华，有一家餐厅的位置很好，位于襄阳路和淮海路的东湖路上，可是因为经营问题，生意一直不是很好。这个朋友知道吴榑华人缘好，认识的人很多，把吴榑华介绍给了他的朋友——这家餐馆的老总。这家餐馆的老总在这个朋友的推荐下，聘请吴榑华负责餐馆的全权管理，作为回报吴榑华可以从营业额中提成。

到2005年1月底，在吴榑华接手餐馆一个月后，餐馆的营业额就成倍增长。当月的营业额就达到了20多万元。"很多时候，都是朋友知道我在这边管理过来捧场的。"吴榑华说。

目前吴榑华的资产已经超过八位数。他说，自己的事业得到朋友的帮助，才会这么顺利。

人脉资源越丰富，赚钱的门路也就越宽广；你的人脉档次越优质，你的钱就来得越快、越多。这已经是有目共睹不争的事实。可见，人脉资源是一笔看不见的无形资产。

我们总习惯在一个人取得成功的时候说："那还不是他的机遇好！"是的，事实的确如此，在2002年中国百富榜上数十位成功企业家最看重的十大财富评选中，机遇排到了第二位。但是我们为什么不反思："为什么他的机遇比别人好？"难不成是上天不公平，偏心他不成？不对，机遇对任何一个人都是公平的，不同的是人脉关系的不同，可以说机遇就是人脉的潜台词，人脉关系的优劣，直接影响到机遇的多少。

学历、金钱、背景、机遇，也许这一切你现在还没完全拥有，可是你可以打造一把叩开成功之门的"金钥匙"——人脉。在这个人脉决定输赢的年代，你不要奢求自己像武侠小说中的高手一样，靠一身武功就能独霸天下，而应该把自己打造成站在巨人肩膀上的英雄。人脉与机遇成正比，丰富的人脉才能为你带来更多成功的机遇。或许你会说你只不过是一名普通的公司职员，每天过着朝九晚五的生活，人脉对自己有多大作用呢？那么你有没有这样的感慨呢：如果我有足够多的关系，一定可以更加顺利地完成这样工作！如果和哪位关键人物建立关系，做起事来就方便多了！

由此可知，人们机遇的不同，并不是由运气决定的，而是由他们的交际能力和交际圈子决定的。更准确地说，是和他们交际能力和交际圈子的大小成正比的。在交际活动中，你认识了别人，别人也认识了你，而在你们友谊发展的过程中，你就有可能获得发展的机遇。

人脉是人不能忽视的一笔潜在财富。没有丰富的人脉关系，人无论做什么事都将步履维艰。

换句话说，就是你的人脉关系越丰富，你的力量也就越大。别人做不成的事情，你可能打一个电话就非常完美地解决了；相反，你费了九牛二虎之力都解决不了的问题，却有人可以轻轻松松地搞定。归根到底，创建有效的、丰富的人脉关系就是你通往成功的捷径。

虽说是金子就会发光，但那也需要别人能看到光才行。现实中不缺少这样的人，相貌堂堂，胸怀大志，才华满腹，既有学历，又有超人的工作能力。然而，他们却始终郁郁不得志，甚至是别人眼中的失败者和负面教材。于是高学历的证书，丰富的经历可能成了累赘——没有这一切也不过如此嘛！真的是"命苦"吗？当然不是，千里马也需要伯乐啊。

美国老牌影星寇克·道格拉斯年轻的时候非常落魄潦倒，根本没有人，包括很多知名大导演认为他会成为明星。可是，寇克有一次搭火车时，和旁边的一位女士攀谈起来，没想到这一聊，聊出了他人生的转折点。没过几天，寇克就被邀请到制片厂报到。原来，这位女士是位知名的制片人。

这个故事不正说明了，即便寇克·道格拉斯的本质是一块璞玉，假如没有人慧眼认出，他的演员梦也不能成真。

募捐的人常说"有钱的出钱，没钱的出力"，还有"以工代赈"之类的话。这些话说明了一个道理：人脉就是资源。在你刚刚开始准备创办自己的公司时，你可能没有钱、没有设备、没有技术。这一切不要紧，只要你拥有掌握这些资源的人就行。人脉对现代人而言，似乎成了成功的最关键因素，因为谁也无法预知自己的下一步会如何。工作上的提携，生活中的资助，团队间的协作，就连最简单的买东西，也能若有似无地看出一个人的"关系"好坏！

让人脉网越织越密

相信以下的对话大家一定并不陌生：

A说："最近想买一台计算机，可是我也不太懂要买什么等级的，市面上种类太多，真不晓得要怎么下手。"于是B说："我有一个朋友对计算机软硬件都很熟悉，要不要我帮你介绍认识？也许可以给你一些建议。"A回答："那真是太好了！这样我就不用担心买到不合适的计算机了。"

大家一定都有以上类似的经验。我们往往会发现周围的朋友有些是同学或者同事，有些则是直接通过朋友的介绍而变成朋友，这样一来，我们认识的人就会越来越多，我们的人脉关系网就越来越密了。人脉越宽，路子越宽，事情就更好办。一个优秀的人，往往可以影响自己身边的人。好人脉是成大事者的最重要的因素，也是必须的条件。

当我们办事不顺或是四处碰壁的时候，你就会发现，假如能和某件事的关键人物牵扯上任何关系，办起事来会顺畅得多。因为，只要我们和那些关键人物有所关联，当有事情想要去拜托他或是和他商量讨论时，总是能够得到很好的回应。

这种和关键人物取得联系的有利条件，就是"人脉网"得以存在的基础。实际上，人脉关系越宽广，做起事来就越方便。每个业界人士，都渴望得到那些有一定背景的大人物的协助，让他们在事业的发展上，能够少碰些壁。由此可见，我们到达成功彼岸的不二法门就是，有技巧地搭建丰富有效的人脉关系。

第二节　努力寻找生命中的贵人

贵人在生活中有着举足轻重的作用，他们给予人帮助，帮人渡过难关；他们给予人支持，让人做事顺利；他们可以给人带来财富、机遇和运气。总而言之，贵人可以大大缩短你成功的时间，直接进入成功的列队。

古人云："登高而招，臂非加长也，而见者多；顺风而呼，声非加疾也，而闻者远。"这句话形象地说明了借助外界力量的重要性。的确，一个人的力量是有限的，特别是对一个刚步入社会的人来说，更需要别人的帮助和提携。

对大多数人来说，给他们提供帮助和提携的人都是贵人。每一个人都渴望自己能有一个生命中的"贵人"，这样遇事就能化险为夷，大大加快成功的脚步。

成功学大师卡耐基说："当一个人认识到借助别人的力量比独自劳作更有效益时，标志着他的一次质的飞跃。"这是经过反复验证的至理名言。每一位无本而谋求发财者，都应当深深铭记于心。

贵人的提携让事业崛起

1965 年，藤田从日本早稻田大学经济学系毕业了，之后就在一家大电器公司打工。1971 年，他开始创立自己的事业，经营麦当劳生意。麦当劳是闻名全球的连锁速食公司，采取的是特许连锁经营机制，而要获得特许经营资格，需要具备相当的财力和特殊资格。

而藤田在当时不过是一个刚刚毕业几年、没有家族资本支持的打工一族，根本就不具备麦当劳总部所要求的75万美元现款和一家中等规模以上银行信用支持的苛刻条件。只有不到5万美元存款的藤田，看准了美国连锁饮食文化在日本的巨大发展潜力，下定决心要不惜一切代价在日本创立麦当劳事业，于是绞尽脑汁四处借钱。事与愿违，5个月下来，只借到4万美元。面对巨大的资金落差，换作一般人，或许早就心灰意冷，前功尽弃了。然而，藤田却偏有对困难说"不"的勇气和锐气，誓要迎难而上，找到助他事业成功的贵人。

于是，在一个风和日丽的春天的早晨，他西装革履满怀信心地走进住友银行总裁办公室的大门。藤田用非常诚恳的态度，向对方说明了他的创业计划和求助心愿。在耐心细致地听完他的话之后，银行总裁做出了"你先回去吧，让我再考虑考虑"的决定。

藤田听后，心里即刻掠过一丝失望，但马上冷静下来，恳切地对总裁说了一句："先生，能不能让我告诉您，我那5万美元的存款是怎么来的？"总裁的回答是"可以"。

"那是我6年来按月存款的收获，"藤田说道："6年里，我每月坚持存下1/3的工资奖金，一直持续到现在。6年里，无数次面对拮据贫穷的尴尬局面，我都咬紧牙关，克制住自己的欲望，硬挺了过来。有时候，碰到意外事故需要额外用钱，我也照存不误，甚至不惜厚着脸皮四处借钱，来增加存款。这是没有办法的事，我不得不这样做，因为在跨出大学门槛的那一天我就立下志愿，要用10年的时间，存够10万美元，然后自己创业，出人头地。现在机遇来了，我一定要提前开创事业……"

藤田一气儿讲了10分钟，总裁越听神情越严肃，并向藤田询问了他存钱的那家银行的地址，然后对藤田说："这样吧，我下午给你答复。"

送走藤田后，总裁立即开车到那家银行，亲自了解藤田存钱的情况。柜台小姐了解总裁来意后，说："哦，是问藤田先生啊。他可是我接触过的最有毅力、最有礼貌的一个年轻人。六年来，他真正做到了风雨无阻地准时来我这里存钱。老实说，这样能坚持的人，我真是要佩服得五体投地了！"

听完小姐介绍后，总裁大为动容，马上拨通了藤田家里的电话，告诉他住友银行可以毫无条件地支持他开创麦当劳事业。藤田追问了一句："请问，您为什么会决定支持我呢？"

总裁在电话那头感慨万千地说道："我今年已经58岁了，再有两年就要退休，论年龄，我是你的2倍，论收入，我是你的30倍，可是，到了今天，我的存款却还没有你多……我大手大脚花惯了。仅凭这一点，我就自愧不如，对你敬佩不已了。我可以保证，你将来会很有出息的。年轻人，好好干吧！"

由于得到了总裁的资金支持，藤田得到了麦当劳在日本的特许经营权，现在，藤田在日本拥有135万间麦当劳店，一年的营业总额突破40亿美元大关。

贵人在生活中有着至关重要的作用，一个人得到贵人的帮助之后，做起事情来往往能事半功倍。他们所提供的帮助甚至可以改变我们的命运，可是贵人在哪里呢？

善于发现身边的贵人

安迪是一位年轻的寿险推销员，他出身于一个蓝领家庭。既没有什么家庭背景，也没有什么社会网络。因此，他的事业开展几年来一直没有大的起色。不过，他有一个业余爱好，就是打网球。

在一次网球比赛上，他认识了一位队员华特。华特不仅是一名网球爱好者，而且也是一个很优秀的保险顾问，他拥有许多非常赚钱的商业渠道。华特在一个富裕的家庭长大，他的同学和朋友都是学有专长的中坚。安迪的球技不错，而华特又是一个网球迷，他们一见面就有了共同的话题，并开始建立了良好的私人关系。

后来，华特不时介绍自己的朋友给安迪认识，安迪的人际圈像滚雪球一样越来越大，这使得安迪在事业上有了很大的进展。

人们可能都会认为贵人就是一些达官显贵、上级领导、有钱人等等，其实不然，这些人如果愿意帮助你，自然是你的运气。但是，贵人并不局限于这些人，在生活中，实际上有很多的朋友、邻居甚至陌生人都有可能成为你的"贵人"。只要你诚心地对待身边的每一个人，那么你的周围就会有很多可以为你提供帮助并愿意帮助你的"贵人"。

有一首歌这样唱道："千里难寻是朋友，朋友多了路好走。"确实，一个人倘若有了朋友的鼎力相助，几乎没有什么事是办不到的。毫无疑问，朋友是我们生命中最大的贵人！人生因目标远大而更富意义，因奋发图强而打好成功的基础，更重要的是因为贵人相助而更快达到成功的彼岸。所以，当你茫然无助的时候，要努力寻找为你指点迷津的贵人。

第三节　朋友之间需要用心经营

朋友，需用心去经营，需要有一定的艺术性。不是在说教，而这是很多人的切身体会。

对待朋友，且不论男女朋友，都不能太过于"重视"，否则会让对方感觉压力很大，会被你的"重视"压得喘不过气。也又不能过于疏忽，过于疏忽，可能就不会再有联系。有的朋友，你如果太重视他，会让他觉得交你这个朋友很累，就是因为你太重视他了，让他倍感到压力。

人生在世，离不开友情，离不开互助，离不开关心，也离不开支持。在朋友遇到困难、受到挫折时，如果出手相助，陪伴对方渡过难关，战胜困难，要比赠送名贵礼品有用得多，也实在得多。

既然称为朋友，就意味着相互承担着排忧解难、欢乐与共的义务。只有这样，友谊才能恒久常存。朋友的伤害往往是出于无意，帮助却是真心的，所以忘记那些无心的伤害吧，铭记那些对你真心帮助，你会发现这世上你有很多真心的朋友。

每一个人都有一方属于自己的乐土，朋友，当你心情沮丧的时候，当你灰心失望的时候，当你觉得好友渐渐淡漠的时候，请珍惜朋友真挚的友情，不管是网络上的友情还是现实生活中的，友谊如同空气和水，不要到失去的时候才痛感它的可贵。

生活中并不是所有的人都能成为朋友。每个人都有自己的人生态度、处世方式、兴趣爱好和性格特点，选择朋友也有各自的标准和条件。交朋友的最高境界是追求心灵的沟通。

伟大的友谊

马克思和恩格斯是好朋友。他们一起研究学问，共同领导国际工人运动，共同办报纸、编杂志，共同起草文件。有名的《共产党宣言》就是他们共同起草的。

马克思是共产主义理论的奠基人。他受到反动政府迫害，长期流亡在外，生活十分穷苦。他时常跑当铺，把衣服典当成钱来买面包。因为到期付不出赊购货物的欠款，他经常受到杂货店老板的责备。有时候他竟为了寄一篇文章到报馆去，四处借钱买邮票。生活这样困苦，马克思也毫不介怀，还是坚强地进行他的研究工作和革命活动。那时候，恩格斯在生活上给他很大的帮助。

恩格斯曾经在曼彻斯特一家工厂里做过事。有一个时期，为了维持马克思的生活，他宁愿经营自己十分厌恶的商业。他把挣来的钱分给马克思，10镑、100镑，连续不断地给马克思汇去。

恩格斯不但在生活上热情地帮助马克思，更重要的是他们在共产主义的事业上，互相关怀，互相帮助，亲密地合作。

他们同住在伦敦时，每天下午，恩格斯都要到马克思家拜访。他们讨论各种政治事件和科学问题，可以谈上好几个小时，各抒己见，滔滔不绝，有时候还进行激烈地辩论。天气晴朗的日子，他们就一起到郊外去散步。

后来他们分开了，马克思住在伦敦，恩格斯住在曼彻斯特。他们几乎每天都要通信，交换彼此对政治事件的看法和研究工作的成果。这些书信直到现在还保存着。

马克思和恩格斯的互相关怀是无微不至的。他们每时每刻都想办法给对方提供帮助，为对方在事业上的成就感到骄傲。马克思答应给一家英文报纸写通讯稿的时候，还没能精通英文，恩格斯就帮他翻译，必要时甚至替他写。恩格斯从事著述的时候，马克思也会放下自己手里的工作，帮助他编写其中的一些部分。马克思逝世的时候，他的伟大著作《资本论》还没最后完成。恩格斯毅然放下自己的研究工作，代为整理，并且竭尽全力从事《资本论》最后两卷的出版工作。

马克思和恩格斯合作了40年，共同创造了伟大的马克思主义。在40年里，在向着共同目标的奋斗中，他们建立了伟大的友谊。

人人都想永远拥有很多真心的朋友，但这更像一个奢望。离散聚

合，应顺其自然，不可强求。属于自己的朋友，自然会朝自己走来，不属于你的朋友，勉强留也留不住。

每个人都有自己挣扎的痛苦与心路历程，默契不过是因理解自己而彼此理解，只有和谐才是身心疲惫时依然不泯的微笑。互相的惦念，互相的牵挂，与互相的爱护便是人世间最最难得的情感抚慰，是朋友之间最难割舍的真情。好友之间之所以能长期共存，正是因为有了这种心灵间的相互依存与默契，唯此，孤独的人生才变得丰富而深刻。能够拥有一位好友，一位至交，便拥有了一生的情感需求，好友如衣食，如日月，如同自己的影子，最最孤独时，无论相隔千里万里，好友都会如期而至，那时即便是默默相对，不说一句话，感受也是雨露的滋润，心静如镜，心境如云。

珍惜身边的每一份友情，无论它是不是已经过去，无论它会不会有将来。也许不会天长地久，也许会淡忘，也许会疏远，但从来都不应该遗忘。它是一粒种子，珍惜了，就会在你的心里萌芽，展叶，开花，直至结果。而那种绽放时的清香也将伴你前行一生一世。朋友，需要用心去经营，才能让友谊之花永开不败，绚丽多姿。

沙漠中的友谊

阿拉伯传说中有两个朋友在沙漠中旅行，旅途中他们吵了一架，一个还给了另外一个一记耳光。被打的人觉得很受辱，一言不发，在沙子上写下："今天我的好朋友打了我一巴掌。"他们接着往前走。直等到了田野，他们就决定停下。被打巴掌的那人差点淹死，幸而被朋友救起来了。获救之后，他拿了一把小剑在石头上刻了："今天我的好朋友救了我一命。"朋友在一旁好奇地问："为什么我打了你之后，你要写在沙子上，而现在要刻在石头上呢？"这个人笑笑，回答说："当被一个朋友伤害的时候，要写在易忘的地方，风会把它抹去；相反的，如果被帮助，我们要把它刻在心里的深处，那里任何风都不能抹灭它。"

俗语说："你只需要花一分钟注意到一个人；一小时内变成朋友；一天让你喜欢上他。一旦真心喜欢上，你却需要花上一生的时间来遗忘他，直至我们穿越死亡的坟墓。"看到这里，你是否有一些启示呢？

在日常生活中，即使最要好的朋友也会有摩擦，我们或许会因这些摩擦而分开。可每当夜深人静时，我们仰望星空，总会看到过去美好的回忆。不知为何，一些琐碎的回忆，却为我们寂寞的心灵带来无限的滋润和震撼。就是这感觉，让我们明白朋友的重要性，因此，希望大家都要珍惜友情，用心经营。

第四节　把敌人变成朋友

想要生存并取得发展，需要转变传统的竞争方式，不能一味以击败竞争对手，将其逐出市场为目的，而要和竞争对手进行合作，建立战略联盟，即为竞争而合作，借合作来竞争。

林肯是美国最有人情味的总统，他正直而宽容。有人对林肯总统对待政敌的态度颇有微词："你为什么总想让你的政敌变成朋友呢？你应该想办法去打击，让他们消失才对。"

"我难道不是在消灭他们吗？当他们都成为我的朋友时，政敌就不存在了。"林肯总统温和地回答。

这就是林肯消灭敌人于无形的方法，将敌人变成朋友。

朋友和敌人是相对的，假如一个敌人变成了朋友，不就少了一个敌人吗？在商场中，这个道理也同样适用，和竞争对手的合作能够给自己带来发展的机遇。

传统观念认为，商场如战场，"有你无我，势不两立"是市场通行的竞争规则，竞争对手的关系往往是胜者为王败者为寇，竞争对手之间很难和平共处。其实不然，在商场上，竞争对手是相对的。有句话说，没有永远的敌人，只有永远的利益。不管是合作还是竞争，说到底都是为了利益。当合作的利益大于竞争的利益时，双方就会"趋大利而避小利"。

据美国得克萨斯大学管理学教授James.D.Westphal的最新研究成果显示，当相互竞争公司的总裁成为朋友后，比单打独斗的总裁拥有明显的优势。

企业间战略合作，尤其是和对手合作的模式近来有加快的趋势。三洋和夏普、日立和西门子、三星和LG、索尼和爱立信、东芝和三洋、LG和飞利浦、柯达和乐凯、美国航空公司和汉莎等同行"冤家"之间，都发生过不同程度的战略联合。中欧国际工商学院（CEIBS）战略学教授、英美烟草捐赠教席教授朴胜虎博士在接受《财经时报》采访时说："近几年，70％以上的合作都是水平型的，即发生在直接的竞争对手之间。"

和冤家站到一起

20多年前，当今世界首富比尔·盖茨注册的微软公司还是一家默默无闻的小公司。通过研制一些办公软件并投入市场，微软公司才开始被一些圈内人注意到。但同当时的电脑业大亨IBM相比，微软简直不值一提。然而，比尔·盖茨有雄心把自己的公司发展成像IBM一样的大公司。在当时，人们都以为只有发展电脑硬件才会赚钱。可比尔·盖茨认为，个人计算机将会是未来电脑的发展主方向，而为它服务的系统软件也会变得越来越重要。于是，他组织人员日夜奋战，开发研制新型的系统软件。

不久，他听说帕特森的西雅图计算机产品公司已经研制出一种基于 8086 的称为 QDOS 的操作系统。微软马上决定以合适价格买下其使用权和全部的所有权。随后，盖茨带领自己的研究人员在此基础上进行改进，终于研制出了自己独有的操作系统——MS.DOS 系统。在当时，微软公司势孤力单，根本无力完成自己的抱负——向社会推出这项产品。这时，比尔·盖茨想到了IBM。

双方合作的基础首先是对双方都有好处，而且是对方急切需要的一种价值。所以，合作的实质也就成了"你为我用，我为你用"。在当时，IBM 想向个人计算机方向发展，但它需要有个合作伙伴，IBM 虽然实力强大，但要完成这项开发，软件上还是需要合作。正好，微软公司在软件开发方面小有名气，也具有一定的优势。就这样，两家公司一拍即合。

合同的第一项订货是操作系统。要完成 IBM 与微软的合作项目，时间很紧张，软件的成品须在 1981 年 3 月底之前设计完成。比尔·盖茨组织自己的员工，向 IBM 交了一份满意的答卷。不久，IBMPC 研制成功了，微软 DOS 也随之而成为行业的唯一标准。从此，由于 IBMPC 销量日增，MSDOS 的影响也与日俱增，为其开发的应用软件也越来越多，从而更加巩固了其基础地位。最终微软成了最大的赢家。

通过与电脑业巨人 IBM 的成功合作，微软挖掘到了自己至关重要的一桶金。正是这桶金成就了微软后来的辉煌。微软与IBM 的合作是弱者通过与强者合作走上成功之路的最好诠释。而微软与 SUN 公司之间的合作，则向我们展示了强强联合的一种双赢结局。

2004 年 4 月 2 日，微软首席执行官斯蒂夫·巴尔默和 SUN 公司首席执行官兼主席斯科特·麦克利尼尔向全世界宣布："微软和 SUN 将为产业合作新框架的设置达成一个十年协议。"当人们看到两位巨人，也是曾经的冤家亲密地站在一起，就明白合作已经可以突破很多界限。

众所周知，在过去的20多年里，微软和SUN之间从市场竞争、技术产品的竞争到两个总裁之间的唇枪舌剑，明争暗斗从来就没有消停过。可是现在双方合作了，对今天的企业界来说，没有任何人是不可能合作的，也没有什么事是不能通过合作来达成的。微软和SUN公司的合作向我们说明了这一点。

面对敌人，一定要坚强地面对，再苦也要咬紧牙关，决不退缩——这似乎是共识。但明智的比尔·盖茨选择了另一种方式：站到敌人的身边去，把敌人变成自己的朋友。

现在，市场越来越分化，竞争越来越激烈，企业和另有所长的对手合作，可以更好地满足客户多样化的需求。此外，技术的发展越来越快，产品生命周期缩短，通过与对手的合作，能够降低一些技术开发的成本。这对于自身的发展可以说是极为有利。如铁姆肯公司旗下的工业集团总裁阿诺德（Mike Arnold）认为："企业可能无力独自承担做某些项目的成本，但是如果与其他企业合作，就可以由大家共同分担这些成本。竞争对手之间的联手合作并不会损害各自的竞争优势。"

在当前的形势下，企业为了自身的生存和发展，需要改变传统的竞争方式，不要一味以击败竞争对手，将其逐出市场为目的，而是要和竞争对手进行合作，建立战略联盟，即为竞争而合作，靠合作来竞争——让自己的竞争对手变为朋友或合作伙伴，最后受益的还是自己。

当你需要另一个人的帮助，而这个人又与你不和，你该做些什么？显然，放弃并不是好办法，放弃虽然不费吹灰之力便可做到，但会使你失去一个机会和一个得力的伙伴。善于化敌为友，无疑是高明中最高明的。当我们给人充分的尊重与友爱，就是敌人也会变成朋友，有时会让你受益终生。

主动和敌人亲近

富兰克林总统在年轻的时候，曾经把所有的积蓄都投资在一家小印刷厂上，当时这个小印刷厂的业务不是太多，而且不太稳定。他想，如果能承揽下为议会印刷文件的工作，至少可以保证一个稳定的收益。

但是有一个情况对于富兰克林实现这种想法是极其不利的：议会中有一个人非常不喜欢富兰克林，还经常公开羞辱和斥责他。这个人非常有钱，又很能干，所以他在议会中的影响力很大，因为大家都知道他与富兰克林的关系不是太好，谁也不敢把印刷文件的工作交给富兰克林的印刷厂，都怕得罪这个人。

富兰克林早已看清楚了这种情况，所以他明白，要真正想接下这笔业务，必须要让那个议员喜欢上自己。

要怎么做才能接近他呢？通过长时间观察，富兰克林知道这个人十分喜欢那些博览群书的人，一旦知道谁喜欢读书，他就认为这个人很有上进心。富兰克林又听说他的图书室里恰好藏有一本非常稀奇而特殊的书。所以富兰克林就决定通过向其借书来和他亲近。

富兰克林给他写了一封便笺，表示他非常想借他图书馆的那本书，一睹为快，拜托他把那本书借给自己几天，好仔细地阅读一遍。

这人一看富兰克林要借自己的书，非常高兴，马上叫人把那本书送来了。过了大约一个星期的时间，富兰克林把那本书还给他，还附上一封信，信中谈了自己读过那本书后的收获及自己的心得体会，并在信的最后，强烈地表达了自己的谢意。

当下次富兰克林与他在议会里相遇时，他居然主动地跟富兰克林打招呼，在以前他是从来就没有那样做过的，况且这次还极有礼貌。

从那以后，富兰克林与他成了关系很好的朋友，只要富兰克林提出需要帮助，他就欣然帮忙，一直到他去世为止。

富兰克林通过借书这一举动，把原本讨厌他的议会成员变成自己的朋友，为自己"消灭"了一个敌人，让自己的政治道路更加平坦。我们也不妨学习一下富兰克林的方法，主动亲近自己的敌人，把敌人变为自己的朋友。

第五节　单打独斗抓不住机遇的尾巴

现在，单枪匹马独闯天下已经过时了。单有竞争意识而缺少合作精神的人在当今的社会中将会失去生存与发展的空间。

天堂和地狱的差别

一个人死了，上帝的使者来接他，问他想要上天堂还是下地狱。他大胆请求："都先让我看看再做决定可以吗？""当然可以。"使者先让他参观地狱。通过地狱之门，他见到一间宽敞明亮的大房间，空气中飘溢着精致的食物的香味，他顺香味寻找了一下，原来在房屋中间放着一口很大的锅，锅里正在煮着米粥。

可是在粥锅的周围却围着很多面黄肌瘦的人。有些人已经饿得奄奄一息，他们还互相仇视着，恶狠狠地瞪着别人。

"这究竟是为什么？他们怎么守着米粥不吃，却宁可挨饿呢？"他不解地问。

"你再仔细看看，他们每人手里拿着什么？"使者指点他。

他这才看到他们每人手里拿着一个勺子，但这个勺子的柄都很长，几乎长过他们的身高。

"这里严格规定必须使用勺子喝粥。可他们每个人都没办法把粥送到嘴里，只好挨饿。"使者解释道。

他们又来到天堂。天堂和地狱的环境一模一样。但这里的人个个面色红润，愉快活泼。

"他们也必须用长柄勺来吃粥吗？"

"是啊，你看。"

他看到这里的人们在互相喂食，你喂我一勺，我喂你一勺，人人都吃得到米粥并且吃得饱饱的，他们交谈着，嬉闹着，心满意足。

上面的故事可以理解为要善待他人，这样才能让自己过上更好的生活。可是，它也告诉我们另外一个道理，就是合作产生力量，单打独斗就难免品尝失败的苦果。

唯一的遇难者

2003 年 8 月，在经过 6 个月的历险和恐惧之后，发生在撒哈拉沙漠的 15 名欧洲游客被绑架事件最终得到解决。14 人活下来，只有德国女游客米歇尔未能幸免。回顾整个被绑架的过程，米歇尔的死绝非偶然，在某种程度上说，就是她不能很好地与人相处和合作，导致了她的死亡。

米歇尔倔强的个性和不合作的态度，使她在这个群体受到严重孤立。米歇尔不信任任何人，时常和同伴发生冲突，起因都是一些芝麻绿豆的小事。绑架者都是些极端分子，他们对处于弱势的人质提出比如戴头巾、穿外套之类的要求，被绑架者中只有米歇尔不和他们合作，在同伴一次次的苦劝，而又毫无结果的情况下，米歇尔和同伴越来越疏远，不得不一个人待着，大多数时候她只能躺在毛毯上唉声叹气，自言自语。由于米歇尔与同伴的情感距离越来越大，就连绑匪在她再次不听话的举动之下，也没有惩罚她。因为他们已经认识到米歇尔在人质中是多么孤立，没有杀一儆百的作用。

米歇尔无声无息地死了，群体（包括绑匪）变得更加融洽、更加照应，这一点从绑匪和人质照片中的笑容中可以看出来。人质马克·海迪说："这并非米歇尔终于不再使我们神情紧张，而是我们已经看到，如果我们不能很好地相处和合作、同心同德，将导致事态更加恶劣"。

在这次死亡之旅中，和旅客及绑架者相处合作显得尤为重要，个人的阅历和魅力决定了自己在这个群体中与人相处与合作的能力，确定了自己在这个群体中的位置。

人们常说："独木难支，孤掌难鸣。"的确，一个人即使再神通广大，也有"玩儿不转"的时候。随着全球化趋势的不断加强，市场经济的不断发展，人和人之间、企业和企业之间的合作就会变得非常密切，一个没有合作精神的人很难在事业上一展宏图。

孤掌难鸣

　　张伟和很多小公司的创业者一样，是因为不满老板的独裁、认为没有发展前途而愤然离职，自己跑出来打天下的。

　　张伟是学设计出身，后来改做客户经理的，出来创业，自然选择了自己的老本行——广告业。他租了一户公寓，便开始招兵买马干了起来。由于原公司的一些客户都还买他的账，再加上赶上广告业蓬勃发展的好时机，张伟的公司，便一点一点地做了起来。没花几年的时间，搬到了写字楼，业务从平面广告扩展到电视广告，各种公关活动更是应接不暇。看到电视剧市场的火爆，张伟开始考虑，是不是也想办法在这个里面挖一桶金。

　　但设计出身的张伟是一个完美主义者，下属做出的提案，总要一改再改，又因为担心客户经理无法准确地表达出自己的意思，干脆亲自出马去见客户。而每一个给客户的稿子，也都要先经过他的首肯。总之，大到几十万的单子，小到几十元的办公用品，张伟个个把关，一个不落。而随着公司的业务越做越大，张伟也是越来越觉得分身乏术。老客户知道，什么都是他说了算，所以大小事都来找他；新客户他又害怕手下的经理接不下来，所以经常自己冲在前面。两百万买的房子，就这么让它空着，自己每天折腾到半夜，在公司打地铺了事。

　　张伟一个人忙得精疲力竭，可后院又偏偏时不时地起火。因为张伟的个人魅力而加入的员工，或是因为他的不信任，或是受不了他的独裁，三天两头有人辞职。开始时，张伟还竭力挽留，到后来，干脆是连一点反应也没有了。合同也不签了，招聘信息常年挂在网上，搜集简历，随时替换。

由于公司的不稳定，也使得一些优秀人才对他的公司望而却步，而张伟自己虽然在广告界积累了一定经验，可是人无完人，有时他自己也无法设计出让客户满意的提案。这也让他错过了几个大的单子，损失不小。

在当今社会，就算聪明的人都不可能是一个通才。何况现在早就不是一个靠单打独斗取胜的时代了。行业分工变得越来越细，越来越趋向于专业化的激烈竞争，优秀的团队早就取代优秀的个人，成为企业获胜的法宝。或许在早期，企业还没有很大，市场竞争也不是很激烈的时候，是可以凭借过人的头脑而获得不菲的成绩，可是如果公司做得比较大，就应该充分发挥团队的力量。

一损俱损的同行关系

有一家公司，拥有半条街巷的门面房。这条街巷附近是个很大的居民区。公司由于十几年来业务不景气只得关了门店，空房对外招租。有一对夫妇，先在这里租房，开办起一间风味小吃店，生意竟然格外得好。接着，卖麻辣烫的、卖豆腐汁的、卖涮羊肉的、卖羊肉泡馍的……全涌到了这条街上来做生意，这条街上人声鼎沸，很快成了远近闻名的小吃一条街。

见租房的人生意这样火。对外租房的公司再也坐不住了。公司收回了对外招租的全部门面，轰走了所有在这里经营各种风味小吃的人，摇身一变，自己做起小吃生意来。但没料到仅仅一个多月，这条街巷又冷清起来，公司的效益也差得出奇。

公司经理百思不得其解，去询问一个权威的市场研究专家。专家听了，微笑着问他："如果你想吃饭，是到一条只有一家餐馆的街上去，还是要到一条有几十家餐馆的街上去？"

经理说："当然是哪里的餐馆多，选择的余地大，我就会到哪里去吃。"

专家听了，微微一笑说："那么你的公司垄断了那条街所有的小吃生意，这同一条街上只有一家餐馆有什么不同呢？"

经理幡然醒悟，回去后，迅速缩减了自己公司的生意门店，又把门面对外招租，这条街巷的生意没多久又恢复了往昔的红火。

在大多数情况下，企业之间通常就是一损俱损，一荣俱荣的关系，谁也离不开谁。所以，如果单纯想靠挤压对手来达到抢占市场的目的，往往会得不偿失。

一个和尚挑水喝，两个和尚抬水喝，三个和尚没水喝。

一只蚂蚁来搬米，搬来搬去搬不起，两只蚂蚁来搬米，身体晃来又晃去，三只蚂蚁来搬米，轻轻抬着进洞里。

这两则童谣，讲了两种截然不同的结果。"三个和尚"之所以"没水喝"，是因为互相推诿、不肯协作；"三只蚂蚁来搬米"之所以能够"轻轻抬着进洞里"，正是团结合作的结果。从"人不如蚁"中，我们得到什么启示呢？团结合作是一切事业成功的基础，个人和集体只有依靠团结的力量，才能把个人的愿望和团队的目标结合起来，超越个体的局限，发挥集体的协作作用，产生一加一大于二的效果。

人是具有社会性的生物，孤岛上的鲁宾孙只是一个无法重现的神话。而人类社会发展到如今，也早已过了单枪匹马就可以独闯天下的时代，只有竞争意识而缺乏合作精神的人在当今社会中会失去生存与发展的空间。

第六节　交友越广，机遇越多

机遇与交际能力和交际活动范围成正比，充分发挥自己的社交能力，不断扩大交际圈子，只有这样做，才能及时发现和抓住难得的发展机遇。

人们常说"人熟好办事"。对想要经商的人来说，积累一定的人脉关系显得特别重要。有一位著名学院的一位教授总结说，学校为自己的毕业生提供了两大工具：首先是对全局的综合分析判断能力；其次是强大的、遍布全球的校友网络，在各国、各行业都能提供宝贵的商业信息和优待。

由此可知，人脉的作用让人不容小觑。而很多人都有一种"肥水不流外人田"的观念，人们总是喜欢找关系亲密的人合作，或总是将一些机遇留给自己关系亲密的人。因而，朋友多的人往往能从朋友那里得到一些帮助和机遇，从而带动事业上的发展。

扩大交友圈，发现机遇

小丹的职业生涯起步于 1990 年。从上海旅游专科学校毕业后，小丹来到兰生大酒店公关部；两年后跳槽到海仑宾馆，任公关部副经理；出色完成了海仑宾馆开业的浩大工程后，又被兰生召回，成为全上海最年轻的星级酒店公关经理。

1996 年年底，是小丹职业生涯的一个转折。当时 26 岁的小丹，有着令人羡慕的社会地位和工作条件，但是，这一年中，连续有两家大公司先后不期而至的重金邀请，使她看到了某种商机，那颗年轻而不甘平庸的心一下子插上了理想的翅膀，开始向往更广阔的天空。

她看到了一个新兴市场：随着中国对外开放，越来越多的外资品牌会进入上海，他们需要公关服务。她意识到自己有着得天独厚的优势：从媒体到政府部门，她拥有庞大的人脉关系网。这是6年酒店生活赠送给她的人生的第一桶金，有了这第一桶金，为什么不自己开公司呢？

她决定给自己两年的时间，如果获得成功，就努力做成上海的"金牌公关"；如果失败，两年后再回酒店，做回"打工皇后"。26岁，毕竟还年轻，还输得起。

1996年年底，小丹的"视点公关"正式注册。"取名'视点公关'，意在使公司成为上海公关事业的一个'新视点'，又能为客户业务带来'新视点'之意。"小丹不无得意地透露她对于"视点"的愿景。她的目标群体，则定位于外资企业，世界500强公司。

"视点公关"开张半年，居然没有接到一笔业务。在长宁区一个小区里，小丹和她的一个下属翻着黄页电话簿，一个个电话打出去，联系潜在的客户，或者直接到他们的公司登门拜访，但收效甚微。她发现，外资企业假如没有预算，没有相关的活动经费的话是完全不会考虑自己的任何建议；而且对于不知底细的公司，他们根本不会用。严峻的现实让她明白熟人介绍的重要性。

半年后的一天，她的一个在外资自来水管公司工作的朋友，传来消息说，公司要做点媒体公关，可没有多少预算。

小丹二话没说，就把这份业务揽了下来，除了必要的开销，分文不收。这就成了"视点公关"业务零的突破。

真正为"视点公关"带来转机的是美国电商巨头"惠而浦"。美国人其实对公共关系十分重视，也有请公关公司来服务的习惯。

当时惠而浦刚进入中国市场没几年，一直没能找到让他们满意的公关公司，只能一年换一家签约。1997年底，眼瞅着上一家公关公司的合约就要到期了，小丹的一位在惠而浦工作的朋友向老板推荐了她。

对这次期待已久的会见，小丹做了充足的准备。短短十几分钟行云流水般的讲述恰到好处地阐述了公司能为惠而浦提供的服务。美国老板即刻拍板，决定和小丹合作。

终于打破了创业之初的沉寂，从此就一发不可收拾了。联合利华旗下的诸多品牌，像是力士、多芬、奥妙，还有其他世界500强公司比如三菱电器、通用磨坊等，都成了小丹的客户。而令她自豪的是，这些大客户"忠诚度"非常高。随着经验的积累，他们的业务也从原来简单的媒体联系，发展到大型活动的策划、政府关系、公共关系、危机公关、全球新闻发言人等系列运作。

看到人脉的重要性后，小丹十分注意维护企业的形象，她认为企业的形象可以吸引和扩大人脉。曾经有一个大客户请小丹的视点公关参加一次慈善义卖活动。策划、联系政府部门、看场地等，小丹一如既往地全力打造这场义卖活动。但中途，她发现那家公司用于义卖的产品都是即将过期的产品。小丹气愤地要求他们更换产品，不能沽名钓誉，做欺骗大众的事，可客户一意孤行。

"这样的客户，不值得我们尊重。"于是，小丹毅然终止了协议，并拿这个案例在公司内部进行讨论，统一大家的价值观，"当公司利润和社会公德有冲突时，我们要坚持社会公德，决不为金钱折腰"。

"视点公关"良好的社会责任意识获得了政府部门和社会各界的广泛赞誉，也赢得了更多客户的尊重和加盟。

现在，小丹创业已有十多年了，凭着良好的信誉和社会责任感，她建立起稳定的客户群，并全是世界500强大公司，年营业额也超过1000万元，她的事业蒸蒸日上。

事实证明，机遇和交际能力以及交际活动范围成正比。所以，我们应该把人脉与捕捉机遇联系起来，充分发挥自己的交际能力，不断扩大交际圈，只有这样，才会及时发现和抓住难得的发展机遇。

另外，在这个信息发达的时代，信息就代表着机遇。只要拥有无限发达的信息，就拥有无限发展的可能性。但是只靠一个人处处留心身边的信息是不够的，因为一个人的精力实在有限，不可能把所有精力都集中在信息的捕捉上。

怎样让自己成为一个信息灵通、嗅觉敏锐的人呢？最好的方法就是动用你广阔的人脉。对大多数人来说，"人的情报"无疑比"钱的情报"重要得多，也有用得多。越是聪明的经营人才，越注重这种"人的情报"，越能为自己的发展带来方便。

一个人的成功，很大程度上取决于朋友的多和广。商场上有句俗话叫"天大的面子，地大的本钱"，指的就是这回事！朋友多多，机遇多多。中国百富榜上60％的企业家都表示，在最看重的财富品质中，"机遇"排在第二位。而"机遇"的潜台词是"人脉"，因为人脉关系越好，机遇相对就越多。

我们总会接触到一些陌生人，让他们来帮助自己完成事业，成功的交往或许会给我们带来好运。希望我们在与他人交往的过程中能够收获一段美好的友谊。

一双好鞋可以让你走到任何你想去的地方，一个好朋友可以帮助你实现自己的愿望。

结识朋友，开创事业新格局

年轻的寿险推销员保罗出生于蓝领家庭，他平时也没什么朋友。埃文先生是一位非常优秀的保险顾问，并且拥有许多非常赚钱的商业渠道。他生长在富裕家庭中，他的同学和朋友都是学有专长的社会精英。保罗与埃文的世界根本就是天壤之别，所以在保险业绩上也是天壤之别。保罗没有人际网络，也不知道该如何建立网络，怎样和来自不同背景的人打交道，而且少有人缘。一个偶然的机遇，保罗参加了开拓人际关系的课程训练，保罗受课程启发，开始有意识地和在保险领域颇有建树的埃文联系，并且和埃文建立了良好的私人关系，他通过埃文认识了越来越多的人，事业上的新局面自然也就打开了。

善于编织人际关系网的社交高手往往更愿意聘用朋友的孩子，提携球友或牌友的女婿，拉拢将来可能对自己有利的人。这样，自己一旦需要寻求别人的帮助时，手上便有一堆现成的人情债可以讨，而且往往不费吹灰之力便能得到。

为了让自己多一些机遇，周末就不能老窝在家里，多出门去参加一些社交活动。不管是什么活动，只要加入并参与就够了。下班了也不要急着回家，因为一下班就回家的人往往抽不出时间和朋友交流，就容易没有朋友，失去机遇。多认识一些朋友，建立自己的人际关系网，对自己的生活和事业都会有很大的帮助。

因此，从现在起，请大家行动起来，和你周围的人架起沟通的桥梁，编织自己的人际关系网吧！

第 ▼4 章

把握机遇　做时代的强者

机遇说少也少，说多也很多，关键看你有没有具备发现机遇的能力。假如你觉得自己从来没有被机遇眷顾过，那就从现在开始培养自己发现机遇的能力，具备了这种能力，你会发现你的身边到处都是机遇。一个善于发现机遇的人，其成功的概率也远远会高于其他人。

第一节　自信是抓住机遇的第一要诀

自信心是我们追求美好人生过程中永不屈服的支柱，只有自信，才能激发我们生命中的潜质；唯有自信，才能战胜我们生命历程中的苦难和挫折；唯有自信，才能让人不断地超越自我，永葆生命的青春；唯有自信，才能抓住我们生命当中无法预期的机遇。"自信"可以抓住成功的良机。在这里，我们可以分析一下名人的事例，看看他们是怎样成功的。

相信自己的判断

世界著名的音乐指挥家小泽征尔声名在外，意大利歌剧院和美国大都会歌剧院等很多著名歌剧院都曾经多次邀请他加盟执棒。

有一次，他到欧洲参加音乐指挥家大赛，在决赛时，他被安排在最后一位出场。小泽征尔拿到评委交给的乐谱后，稍做准备，便全神贯注地指挥起来。突然，他发现乐曲中出现了一点不和谐。开始他认为是演奏错了，就让乐队停下来重新演奏，但依然觉得不和谐。这时候，他觉得是乐谱有问题。但是，在场的作曲家和评委会的权威人士都郑重声明：乐谱不会有问题，是他的错觉。面对几百名国际音乐界的权威人士，他难免对自己的判断产生了犹豫，甚至动摇。但是，他考虑之后，坚信自己的判断是正确的。

于是，他斩钉截铁地大声说："不，一定是乐谱错了。"他的声音刚落，评委席上的那些评委们马上站起来，向他报以热烈的掌声，祝贺他大赛夺魁。

原来这是评委们精心设计的一个陷阱，来试探指挥家们在发现错误时尤其是在权威人士不承认的情况下，能否继续坚持自己的判断。因为只有具备这种素质的人，才真正称得上是世界一流的音乐指挥家。在所有的比赛选手中，只有小泽征尔坚信自己而不迎合权威们的意见，所以他摘得了这次世界音乐指挥家大赛的桂冠。

自信是对自己的高度肯定，是成功的基石，是一种发自内心的强烈信念。相信自己是最有价值的人，在工作与学习中，没有人能取代自己的位置；是内心深处自尊自重的感觉，这种美好的感觉，并非与生俱来，而是通过后天努力学习而来的。自信是个人毅力的发挥，也是一种能力的表现，更是激发个人潜能的泉源。一个有自信的人，总能够看到事情的光明面，必然可以做到尊重自己的价值，同时也尊重他人的价值。

一束玫瑰花的背后

有一个女孩名叫婷，长相普通，在美女如云的班级里，她只是一棵不起眼的小草；成绩中等，得不到视分数如珍宝的老师青睐；除了会写几首浪漫小诗给自己看以外，再没有其他特别突出的技能，不擅长唱歌，也不会跳舞。婷心里很寂寞，没有男孩追求她，也没有同学和她做朋友。

有一天早上，她拉开门，惊讶地发现门口摆着一束娇艳欲滴的红玫瑰，旁边还有一张小小的卡片。她迅速地将花和卡片拿到自己的房间，轻轻地打开卡片。上面有几行字，是这样写的：

其实一直以来我都想跟你说一声：我喜欢你。但是一直没有勇气，因为你的一切让我深感自卑。你那平静如水的眼神，你优美的文笔，你高雅的气质，让我难以忘记。因此，我只能默默地看着你。

一个喜欢你的男生

婷的心怦怦直跳，没想到自己居然还有那么多的优点，原来自己并不是一个毫不起眼的人啊。从那以后，婷开始主动和同学交谈，成绩也渐渐提高，慢慢地，老师和同学都很喜欢她。高中毕业以后，她考上了大学，凭着那份自信，她在学校中尽情发挥自己的才能，赢得很多男生的追求。最后，大学毕业后找了一份很满意的工作，并且找了一个深爱她的丈夫。

婷一直有一个愿望，就是找到那个给她送花的人，想感谢他让她重新找回了自信，要不是那束花，或许就没有现在的自己。

有一天，她在无意间听到爸妈的谈话。

妈妈说："当年你想的办法还真管用，一束玫瑰花就改变了她的人生。"

一束玫瑰花的作用真那么大吗？不，是自信改变了婷的生活。自信心对一个人的影响非常大，在求学时期，影响你能力的发展、学习的绩效及同学间的关系；毕业后在社会工作时，就会影响你的工作机会与升迁、上司对你的信赖与事业的发展。一个人有没有自信心，几乎是决定他一生是否有成就的重要依据。

命运给我们在社会等级上安排好了一个位置，为了不让我们在到达这个位置之前就跌倒，它要让我们对未来充满希望，正是出于这个原因，那些雄心勃勃的人都带有过分强烈的"自以为是"的色彩，甚至到了令人难以忍受的地步，但这是为了让他获得继续向前的动力。一个人的自信正预示着他将来的作为。

假如你想要成功的话，自信就是动力，没有这个动力，你就永远到达不到理想的目标。

人的伟大之处就在于具有主动性和能动性，自信可以树立主动意识，能够自觉地生活，创造性地劳动。这是任何动物都不具备的，人是万物之灵，只有人才能够改造生存环境，创造各种财富和文明。动物吃饱了肚子就不再做其他什么了。长颈鹿只要看到狮子的腹部下垂，就不会恐惧狮子，因为它知道狮子已经吃饱了，不会再捕食。于是它就敢于放心地待在狮子身边，不用逃跑。然而，人是不会仅仅满足于温饱，也不会满足于已经获取的条件与成就的。人的欲望和需要总是不断提高，不断增强与更新，并且人还要自我实现——达到自己理想的目标，成为自己期望成为的那种人，这就是人的主体性和能动性。成功心理正是由人的主体性和能动性而构建起来的人生科学，又充分开发人的主体性和能动性，让更多的人变得更加自信和伟大。如果我们听信遗传、教育、环境三种决定论的"决定"，那岂不等于承认"命里注定"是真理，只能听天由命了吗？

在一样的环境里成长、生活、学习、工作，在同一条水平线上起步走上人生的旅程，为什么有的人能干出一番事业，而有的人却终生一无所成？就算是在同一个穷乡僻壤的环境里长大的年轻人也会有不同的命运；就算是同一个名牌大学毕业的本科生或研究生也会有不同的前途；就算是同一个家庭的双生兄弟或孪生姐妹也会有不同的性格和作为……这些种种不同的人生之路是从哪里产生区别、开始"分歧"的呢？细究来因素有很多，但决定性的因素就在于一个人的意识是否觉醒，精神是否得到解放，也就是有没有自信和主动的意识。

成败的关键在于自信

美国著名心理学家基恩，小时候亲历过一件让他终生难忘的事，正是这件事使得基恩从自卑走向了自信，也正是通过这种自信，令他一步步走向成功。

　　有一次，他躲在公园的角落里看到有几个白人小孩在快乐地玩耍，他羡慕他们，也非常想和他们一起做游戏，可他不敢，因为自己是一个黑人小孩，他心里很自卑。

　　这时，一个卖气球的小丑举着一大把气球进了公园，白人孩子一窝蜂地跑了过去，每人买了一个，高高兴兴地把气球放飞到空中。

　　白人小孩走了以后，他才胆怯地走到小丑面前，低声请求："你可以卖一个气球给我吗？"小丑笑嘻嘻地说："好啊。你要一个什么颜色的？"

　　他鼓起勇气说："我要一个黑色的。"小丑给了他一个黑色的气球。他接过气球，小手一松，黑气球慢慢地升上了天空……

　　小丑一边眯着眼睛看着气球上升，一边用手轻轻拍着他的后脑勺，说："记住，气球能不能升起来，不是因为颜色、形状，而是因为气球里充满了氢气。一个人的成败不是因为种族和出身，关键是你内心有没有自信。"

　　如果我们带给别人的是一种自信、勇敢和无所畏惧的印象，如果我们拥有那种震慑人心的自信，那么，我们的事业必然能取得巨大的成功。

　　假如我们养成了一种必胜信心的习惯，那人们就会觉得，我们比那些丧失信心或那些给人以懦弱无能、胆怯自卑印象的人更有可能赢得未来。

第二节　不是错过，而是没伸手迎接

培根曾经说过："智者的机遇是把握到的而不是等待到的"。确实，机遇就如同一只圆球，它不是自己落到那些得到的人头上，而是因为他们抓到了机遇。

罗斯福把握机遇扭转乾坤

1937 年，在日本发动侵华战争后，美国依然保持中立，而资本家则和日本做起了生意，把石油等重要物资卖给日本，再从中大捞一笔。

罗斯福意识到了日本的危险性，在他发表的演说中也体现了这一点，他说一个巨大的瘟疫正在全世界蔓延。并在 1940 年日本偷袭珍珠港后，马上请示参众两议院，把握住了机遇，令很多国民转而支持他。果不其然，罗斯福的请示被通过，美国加入了反法西斯的正义队伍中，并和其他国家一起战胜了法西斯邪恶势力。

假如一个人做一件事情，总要等待机遇，那是非常危险的。一切努力和期盼，都有可能因为等待机遇而付诸东流，而最终也得不到机遇。只有愚者，才会错过机遇。

我们如果把握机遇，便会成为时代的强者。罗斯福就是把握住了日本偷袭珍珠港的机遇，并让国民意识到纳粹的可恶，让国家走上了不同的道路。

毛遂自荐赢机遇

毛遂在平原君门下做了三年门客，一直都默默无闻，得不到施展才能的机会。一次，秦国大举进攻赵国，情况紧急。赵王派平原君向楚国求救。平原君决定挑选出 20 名足智多谋的人随同前往，可是只有 19 人条件适合。这时，毛遂主动站了出来说："我愿随平原君前往楚国。"

平原君一开始嗤之以鼻："一个有才能的人在世上，就好像锥子装在口袋里，锥尖子很快就会穿破口袋钻出来，人们很快就会发现他。而你一直没有出头露面显露你的本领，我怎么能够带上没有能耐的人和我去楚国行使这样重大的使命呢？"

毛遂并不生气，他心平气和地据理力争说："我之所以没能像锥子从口袋里钻出锥尖，是因为我这个锥子从来就没能进入您的口袋里呀。"平原君于是答应毛遂作为自己的随从，连夜赶往楚国。

平原君到了楚国，但是这次商谈并不顺利。只有毛遂面对楚王，慷慨陈词，对楚王动之以情，晓之以理。楚王终于被说服了，答应和平原君缔结盟约，出兵解赵国之围。

事后，平原君说："毛遂原来真是个了不起的人啊！他的三寸不烂之舌，真胜过百万大军呀！可是以前我居然没发现他。如果不是毛先生挺身而出，我可要埋没一个人才了！"

有些人总羡慕别人会抓住身边的机遇，可为什么总和机遇擦肩而过呢？其实，并不是擦肩而过，而是你没能伸手迎接机遇的到来。能够抓住机遇的人不是因为别的，而是因为他们的态度比别人主动。

有才华的人要自己站出来

　　古时候有个来自四川的陈秀才，他走了很远来到当时的京城长安，住了十年时间也没有人赏识他推荐他，一直是个无名小卒。一次，长安来了一个卖胡琴的，开价 100 万枚钱。每天都有很多达官贵人前来观看，但没人购买，因为没有一个人明白为什么这把琴值这么多的钱。

　　有一天，陈秀才突然从人群中走出来说："我买下它。"围观的人都很惊讶地问道："你买这把琴做什么呢？"陈秀才答道："我擅长拉胡琴。"又有人问："能听你拉上一曲吗？"陈秀才说："我住在宣阳客栈。明天我准备好美酒，静候诸位光临，希望大家邀请一些长安的名人一起来。"

　　第二天，陈秀才的住处聚集了一百多人，大都是当时京城的名人。一顿饱餐之后，陈秀才手捧胡琴对大家说："我陈秀才著文赋诗，写有作品一百多件。远道来京师，没想到一直不受器重。我这样的人怎么会热衷于拉胡琴呢。"说完，他就把胡琴扔在地上，然后拿出自己的作品分送给大家。宴席散了以后，陈秀才便在京城名声大噪。

　　有很多人觉得："命里有时终须有，命里无时莫强求。"然而，有一点必须要明白，即使上天掉馅饼，你也得主动伸出手，张开嘴，才能接住。

　　因而，一个有才华的人不要总是等着别人去推荐，如果有本事，不如自己主动站出来，在别人面前展示自己的才华，只有这样，才能及时让自己得到展现才华的舞台。陈秀才之所以能够名扬京城，就在于他懂得主动创造展现自己才华的机会。

多一份主动，多一个机遇

赵小平下岗后，蹬起了载客三轮车。他的三轮车非常整洁，再经雪白的镂空窗纱的点缀，非常漂亮。文人雅士、俊男靓女都很喜欢乘坐他的三轮车。

原先的同事魏大明下岗后，像赵小平一样也蹬起了载客三轮车，但是总感觉自己的生意没有赵小平那么好。

一次他问赵小平："我的三轮车论整洁决不输给你的车，若比镂空窗纱等小装饰，我的车比你的更漂亮；无论刮风下雨，我都准时准点出车；另外我对城市也像'活地图'一样熟悉，可是为什么我的生意就远远不如你的好呢？"

赵小平笑了笑，回答说："其实你在很多方面都比我做得好，如果非要讲出一个差异来，那就只有一条。"

大明谦恭地说："请问是哪一条？"

赵小平一字一顿地回答："我比你多了一份主动，仅此而已。"

大明想了想，感觉自己在做生意时确实不够主动。因为他比较爱面子，也不喜欢有事没事地跟人打招呼，一般都是顾客自己上门。

为了让自己有所好转，大明决定也开始主动"引"客上门。每每遇到来来往往的人，他总会热情地主动搭腔："请问您需要用车吗？"看到手提大袋小袋刚出商城的购物客人，他也会主动走过去询问："需要我送您回家吗？"大明的这一番热情，迅速拉近了与乘客的心理距离，需要用车的客人自然愿意选择乘坐他那辆整洁雅致的三轮车。不久，他的生意也逐渐和赵小平差不多了。

赵小平看到大明的变化后，对大明说："你看，多一份主动，就多一个生意上的机会，是吧？"

人活在这个世界上，有两种习惯是每个人应该克服的：一个是懒惰；另一个就是恐惧。不主动出击，就会错过机遇，所以头脑当中一定要建立这样一种信念，就是凡事要马上行动，凡事要主动出击。事情永远不会自动被挖掘，被动不会有任何收获，而是需要那些优秀的人去推动它。机遇不会自己朝你走来，更不会自动投入你的怀抱，唯有你主动去接近、去开掘，才能开采到诸多机遇的金块。多一份主动，就会多一些成功的概率。其实人生很多时候都需要主动把握机遇，不把握就意味着放弃。生活中有太多的机遇，却不一定都能被人好好地把握住，只因你不善于把握，才与其失之交臂。

人们一直在苦苦地寻觅与等待，期盼那些机遇。只是为了等待而等待，每天都等得很辛苦。到最后，那些其实应该是自己才能真正抓住的往往都失去了。在经历许多年后，才明白失去的原因，有的人甚至穷尽一生也不得其法。人生不能重来，时光也不能后退，相同的机遇也不容易再有。我们可以有一些失误，但不能一直都在失误，总是不善于把握机遇。无论身边的生活怎样变化，不管个人选择是否有效，如果总埋怨机遇错过了自己，就是一种不负责任的说法。

第三节　机遇往往躲在自己的优势里

　　懂得发挥自己的优势，合理利用自己的优点，就能找到发展自己的机遇，创造美好的人生。

　　成功心理学发现，每个正常人都有自己独特的才能以及用才能构成的独特优势。它是先天和早期形成的，只要定型就很难改变，无法培训。成功心理学还发现，到目前为止，人类共有400多种优势。而对这些优势本身的数量并不重要，最重要的是每个人都应该明白自己的优势是什么，之后要做的则是将自己的生活、工作和事业发展都建立在这个优势之上，这样才能成功。

任何长处背后都蕴藏着机遇

　　刘晓杰高考落榜后，心情非常沮丧，于是成天游手好闲，在街头打闹，成了一个无所事事的人。一天，刘晓杰碰巧在某个大学的礼堂听了一场题为"专家点拨成功之路"的报告会，做报告的老校长说："每个人都有自己的长处，要想成就一番事业，你就需要善用自己的长处。"刘晓杰听后深有感触。

　　报告会结束后，他找到了这位老校长，十分担忧地问道："您说每个人都有自己的长处，可我什么都没有啊！"老校长初步了解刘晓杰的一些情况后，亲切地说："你的长处就是喜欢斗。"刘晓杰一听懵了。

老教授接着说："'打架格斗'实际上也是长处的一种，只看你把它用在什么地方了。如果你把它用于打击邪恶势力，惩罚犯罪分子，那你就能够实现自己的人生价值，说不定还能成就一番事业呢！"

在老校长的提点下，刘晓杰终于茅塞顿开。于是，在当年的征兵季节，刘晓杰选择参军入伍了。在部队里，他表现优秀，屡次勇斗歹徒而立功受奖。退伍后，政府分配给他一份不错的工作，他利用这次机遇，辛勤努力地工作，终于事业有成。

这个世界上没有完美的人，每个人身上多多少少都存在着某些缺点，假如这些缺点很严重，就会妨碍到自己的竞争和发展，让自己的梦想难以实现；但我们每个人也都有这样或那样的长处和优势，在这个多元化的社会里，在我们有很多种选择的情况下，这些长处和优势恰好正需要引起我们自己的注意。假如我们把心思放在发扬长处，进而避开缺点上，我们就一定能有意想不到的成绩。要想成为一个优秀的人，就要善于发挥和经营自己的优势。

合理利用自己的优势

几十年前，新加坡决定发展自己的旅游业，然而新加坡旅游局认为自身资源不是很充足，于是写给总理李光耀一份报告，大意是说，新加坡不像埃及有金字塔、中国有长城、日本有富士山、夏威夷有十几米高的海浪，除了一年四季直射的阳光外，什么名胜古迹都没有，如果想发展旅游事业，实在是"巧妇难为无米之炊"。

李光耀看完报告后批了一行字："你想让上帝给我们多少东西？阳光就是我们的旅游资源优势。"新加坡旅游局相关人员顿时觉得豁然开朗，于是他们开始围绕新加坡独有的阳光大做文章，利用一年四季直射的阳光植树种草，并开发对人体健康有益的日光浴，在短短的时间里，新加坡便发展成世界上著名的"花园城市"，观光旅游收入跃升亚洲前三名。

世间万物，各有所长。鸟因为有翅膀而翱翔于天际；鱼因为善水而遨游于江海。它们都合理地利用自己的优势而在永恒的生存竞争中取得一席之地。如果它们不善于利用自己的优势，就无法在优胜劣汰的自然界中生存下去。

擅长经营自己的优势的人能让自己的人生增值，而经营自己缺点的人则会让自己的人生贬值。在我们身边，不难看出一些人在自认为有把握的地方出了问题。

别因为优势而麻痹大意

三个旅行者同时住进了一家旅馆。清晨出门的时候，一个旅行者带上一把伞，另一个旅行者带了一根拐杖，第三个旅行者什么都没有带。晚上回来的时候，带伞的旅行者淋得浑身是水，拿拐杖的旅行者跌得浑身是伤，而第三个旅行者却安然无恙。

于是前两个旅行者很纳闷，问第三个旅行者："你怎么会没事呢？"第三个旅行者没有回答，转而问带伞出去的旅行者："你怎么会淋湿而没有摔伤呢？"

带伞的旅行者说："当大雨刮来的时候，我因为有了雨伞就放心地在雨里走，却不知怎么就淋湿了。当我走在泥泞坎坷的路上时，由于没带拐杖，所以走得特别小心。专挑平稳的地方走，所以没有摔伤。"

随后，他又问带拐杖出门的旅行者："你怎么没有被淋湿而是摔伤呢？"

带拐杖的旅行者说："开始下雨的时候，由于我没有带雨伞，就专门挑能避雨的地方走，才没有被淋湿而当我走在泥泞坎坷的路上时，我就拄着拐杖走，却不知怎么搞得常常跌伤。"

第三个旅行者听后笑笑，说："这正是我安然无恙的原因。下雨的时候我躲着雨走，路不好时我小心地走，所以我既没有被淋湿也没有摔跤。"

有时候，人们通常认为自己在某一方面具有优势，就会产生一些麻痹大意的心理，结果呢，自己的优势不仅没给自己带来帮助，反而成为阻碍自己成功的一大因素。所以，一个人不仅要懂得做自己擅长的事，还要懂得充分发挥自己的优势。

曾经有位伟人说过，宝贝放错了地方便是废物。懂得发挥自己的优势，合理利用自己的优点，就能找到适合自己发展的道路，从中把握自己的机遇。

向社会展示自己的优势

美国的年轻妈妈在孩子小时候，往往会给他们讲这样一个故事：

小狗兰尼到了该工作的年纪，妈妈让它出去找工作赚钱。兰尼看到妈妈年老体弱，已经丧失了工作的能力，就爽快地答应了。兰尼来到人才市场，到处投递简历，然而没有一家公司愿意聘用它。

忙碌了一天，兰尼没能得到一次面试的机会。最后它不得不灰心丧气地回到家里，对妈妈说："妈妈，或许我真是一个一无是处无可救药的废物，我投递了那么多简历，对工作要求也不高，可是没有一家公司肯聘请我。"

　　妈妈看着心灰意冷的兰尼，奇怪地问："你没有找到工作，你的同班同学蜜蜂、蜘蛛、百灵鸟和猫呢？它们都找到工作了吗？"

　　兰尼叹了一口气说："它们都找到工作了！蜜蜂因为擅长飞行，被一家航空公司挑中当了空姐；蜘蛛因为从小就玩网络，被一家跨国IT公司聘为网络工程师；百灵鸟因为唱歌好听，和一家唱片公司签约，就快推出自己的唱片；猫善于抓老鼠，被一家仓库聘为保管员。同它们一比，我没有任何专长，又没有接受高等教育的经历也没有文凭，所以找不到工作。"

　　妈妈继续问道："马、绵羊、母牛和母鸡，它们都没有受过教育，也都没找到工作吗？"兰尼羞愧地说："它们虽然没有学历，可是它们还是能为公司提供别人不能提供的服务，马能拉着战车驰骋战场，绵羊可以生产羊毛，母牛可以产奶，母鸡会下蛋。我就是一条狗，什么都不会做，谁会花钱白养我呢？我什么优势也没有。"妈妈想了想，说："你的确不是一匹拉着战车奔跑的马，也不是一只能下蛋的鸡，但是你也有它们不具备的优势，那就是忠诚。虽然你没有高学历，也没太大的本领，可是，你的天性让你永远也不会背叛自己的主人。记住我的话，儿子，只要自身有优势，就不怕没机会。你只要向社会展现你的优势，就会有证明你存在价值的舞台。"

　　兰尼听了妈妈的话，用力地点点头。

　　后来，也正是由于兰尼比其他动物都忠诚，被一个大富翁聘为私家总管，帮助富翁守护金库的大门。

美国妈妈给孩子讲这样的故事，就是让孩子从小就明白一个道理——不管我们有什么样的家庭背景，受过什么样的教育，只要自身有优势，在社会上就有证明自己存在价值的舞台。

任何优势都不是一天两天养成的，都有一个孕育、培养、发展、壮大的过程。一滴水，放在任何地点都没有优势，可是一口水、一碗水、一湖水就具备了一定的优势。最后汇集成河流、海洋，就会气吞山河，横扫万里，势不可挡。

身为青少年，应该在学好专业课的同时，在自己的能力范围内，想方设法找一件事去尝试着做，这件事肯定不是挥霍青春、游戏人生。先确定自己喜欢并想进入的行业，想办法接触到这个行业的人，看能不能利用假期做个兼职，即使只是没有回报的一件小事，也值得一做。

总而言之，任何机会，都属于拥有实力优势的人。有优势的人，要比没有优势的人更容易发现机会、把握机会。

第四节　培养把握机遇的能力

我们总说"天赐良机""千载难逢"，都是针对机遇而言的，例如在海边拾到了珍珠，在野外捡到了黄金，在山上发现了灵芝，唱戏的人遇上了百花齐放的方针，等等，这些其实都是机遇。机遇的产生和利用都有其规律。

机遇说少就少，说多也很多，关键取决于你有没有具备发现机遇的能力。假如你觉得自己从来没有被机遇眷顾过，那就从现在开始培养自己发现机遇的能力，具备了这种能力，你会发现你的身边到处都是机遇。

一个善于发现机遇的人，其成功的概率也远远会高于其他人。因此，我们要培养自己发现和识别机遇的能力，进而为成功做好准备。

要培养发现机遇的能力，最重要也是最有效的方法就是学习。

人不是刚生下来就拥有了一切，而是需要靠从学习中所得到的一切来成就自己。只有不断学习的人，才能在社会的洪流中激流勇进，发现机遇，从而把握更多的机遇。

多一门技术，就多一个生存的机会

在一个漆黑的晚上，鼠爸爸带领着小老鼠外出找吃的，在一户人家的厨房里，橱柜里放了很多吃剩的饭菜，看起来这户人家晚上刚刚吃过丰盛的晚餐。这些剩饭对老鼠来说，就如同世上最美味的佳肴。

正当一群小老鼠在橱柜里大快朵颐的时候，突然传来了一阵让它们吓得发抖的声音，那是一只大花猫的叫声。老鼠们震惊之余，就四处逃窜，但大花猫在后面紧追不舍，终于有两只小老鼠来不及躲避，被大花猫捉到。大花猫正要将它们吞食之际，突然传来一连串凶恶的狗吠声，令大花猫手足无措，狼狈逃命。

大花猫走后，鼠爸爸慢慢从垃圾桶后面走出来，原来是鼠爸爸学得狗叫声吓走了大花猫。看着早已吓得瑟瑟发抖的小老鼠，鼠爸爸说："我早就对你们说，多学一种语言有用处。你们总是嫌太苦太累，现在你们明白了吧。多学些东西，多些准备，最大的受益者其实是你们自己。"

上例中的两只小老鼠，因为它们平时不愿学狗叫，在它们碰到猫后，就缺乏保护自己的方法了，结果被猫给捉住了，幸亏鼠爸爸适时出现，用狗叫声得以把猫吓退。

由此可见，多学一种技艺，就会多一个生存之道，在性命攸关的紧要关头才有脱身的机会。

提高能力，完善自我

一位高中毕业生想在软件行业谋个职位，但是，一张中专毕业证显得太过苍白无力，他一次又一次次被无情地拒于门外。

为了生活，他不得已先到一家酒楼做勤杂工，干一些洗菜、扫地、搬东西的活儿。他一边干着最辛苦的脏活儿累活儿，一边坚持学习。皇天不负苦心人，通过一年的业余学习，他通过了商务英语考试和计算机中级考试。

有一天，酒楼老板办公室的电脑出了问题，女秘书急得团团转。老板说："实在不行的话，我就找人来修吧。"这时，年轻人勇敢地走上前说："我可以试试。"大家疑惑地看着他，勤杂工怎么可能会修电脑？他洗掉手上搬菜时粘上的泥土，对照着英文说明书，他不一会儿就把电脑修好了。总经理纳闷地问："你怎么会看得懂英文说明书？还会修电脑？"年轻人说："实际上，我是中专毕业生，利用业余时间自修了英语和电脑。"老板更是不解："那你为什么来这里干勤杂工呢？"年轻人笑笑："只有先留住根，才能长出茂盛的枝叶。"经理顿时对年轻人刮目相看。几天后，经理找到年轻人："我弟弟自己开了一家软件公司，他那里非常需要像你这样努力又踏实的人。如果你愿意，我马上就带你过去。"

就这样，年轻人顺利进入很多本科生都向往的软件行业。不久，他就成了那家公司的部门经理，负责软件开发工作。

这个年轻人曾经像许多人一样，抱着一纸文凭到处碰壁。难能可贵的是，他没有消极悲观，没有在困境中放弃自己，而是积极地为自己充电，结果终于迎来了柳暗花明的一天。

对一个没来得及准备的人来说，可能很难抓住突如其来的机遇。然而，这并不意味着他一生都与成功无缘。只要他能不断学习，完善自己，提高自己的能力，那么就可以轻松抓住身边的机会了。

可是，也有些人由于不懂得与时俱进的道理，整天只满足于做好自己的本职工作，不肯学习新的技术和知识，最终走向被社会淘汰的厄运。

在某个电器厂，有一位工作非常卖力的工人，他的任务就是在生产线上给电器装配零件。这件事他一干就是 10 年，操作非常熟练，而且很少出过差错，几乎每年都能获得优秀员工奖。

可是后来，企业引进了一套完全由电脑操作的自动化生产线，很多工作都改由机器来完成，导致他失去了工作。他原本文化水平就不高，在这 10 年里又没有掌握其他技术，对电脑更是一窍不通，一下子，他从优秀员工变成了多余的人。

在他离开工厂的时候，厂长先是表扬了一下他多年的工作态度，随后诚恳地对他说："其实我在几年前就告诉你要引进新设备的计划了，为的就是想让你有个思想准备，去学习一下新技术和新设备的操作方法。你看和你做一样工作的小吴不但自学了电脑，还找来了新设备的说明书进行研究，现在他已经是车间主任了。我给过你准备的时间和机会，可你都放弃了。"

人们时常抱怨自己和机遇无缘，抱怨自己时运不济、生不逢时，抱怨自己曾经走错了路。实际上，成功的路就像一架"梯子"："实力"是一根根横木，"机遇"是两根竖木。没有两根竖木做支撑，再多的横木也是一堆散在地上的"废柴"而已。假如一个人能把他抱怨命运、发牢骚的时间都用在学习上，不断地进行自我提高，到时候机遇自然会来敲他的大门。

不断学习，跟上时代脚步

有一位农村妇女，跟随女儿来到法国，到移民局办绿卡。移民局的官员看了她的申请表，问她："你有什么技术或专长吗？"她回答："我会剪纸画。"说着，就从包里拿出一把剪刀，轻巧地在一张彩色纸上飞舞，不到三分钟时间就剪出一群栩栩如生的各种动物图案。美国移民局的官员惊讶地称赞："Good！Good！"这位只有初中文化程度的妇女凭着自己的一技之长，就这样被移民局批准了。旁边和她一起申请绿卡而被拒签的人既羡慕，又嫉妒。

现在的社会是个能者生存的社会，有技术、有知识方能在社会上占有一席之地。如今的社会也是一个高速发展的社会，一个人要想跟上时代的步伐，就必须不断学习。

一位在设计行业工作近五年的人对此感同身受："找到工作就一劳永逸的制度已成为历史，信息时代的知识呈现膨胀性的扩展趋势，才刚掌握的资讯，或许没两天就已经过时了，假如不及时更新知识，就容易被时代淘汰。"

青少年们懂得多少其实并不重要，只要知道学习，就能获得足够的知识。的确，人如逆水行舟，学习是推动船前进的双桨。倘若一个人不接受新的东西，不学习新的知识，那么就失去了双桨，失去了把握机遇的能力，最终将淹没在时代的洪流里，一事无成。

第五节　快人一步才能把握先机

先人一步，先得天下，这样做才能有所建树，无论我们做什么事，先人一步总是好的，先走一步，才能得天下，超越自我，抓住机遇，直面现实，战胜困难，才能达成自己的目标。

做事要快人一步，一个人的成功来源于时间和经验的累积，经验随着时间的点滴进步，必然会有水到渠成的一天。

生活到处都为我们的发展提供了良好的机遇。但能否把这些机遇转化为现实的生产力，主要还是在于我们用什么样的态度来对待机遇。每个人都有机遇，在机遇面前，谁行动快、抓得准，谁就能占得先机。在中国有一句话："一步跟不上，步步跟不上。"我们从中可以得知，十几年的发展证明，只有跟得上世界产业发展的步伐，抓住机遇，抢得先机，才能尝到上一轮经济快速发展的甜头。

我们常常说，商场如战场，假如我们身处其中，却比别人慢了一个节拍，那我们就有可能被对方打倒。

战场上的先机

两个国家在沙漠里打仗，整整打了一个多月，双方的士兵都累得疲惫不堪。

有一天，双方的指挥官同时收到上级指示：占领一个荒废已久但极具有战略价值的据点。军机大事刻不容缓，两军指挥官立即命令各方部队向据点出发。他们距离那个据点的距离是相同的，同样的，他们的部队都很疲惫。以指挥官所说的速度前进，是根本不可能抵达的，因为经过一个多月的沙漠之战，他们实在是太累了。在这种情况下，A军的指挥官下达了指示：每一次停下来休息时，只准10分钟，到了时间就要立即前进。体力不支的人不予扶持也不必急救，省得影响进程。而B军指挥官也下达了指示：坚持到底！一刻也不能休息。为了减轻负担，除了水壶和武器，其余的东西统统丢掉，甚至连粮食也不用带。如果有停下来的，一律视为不守军规，就地枪决。

A军出发时有300个士兵，到达据点的有200人。而B军出发时也同A军一样有300人，但到据点时只剩100人。然而一阵枪响后，包括指挥官在内，A军全死在了据点附近，没有一个幸存者活下来。

结果为什么会这样呢，明明A军人多，为什么会失败呢？原来，B军早到了10分钟，先架好机枪等着A军。关键就在这里，所以他们成了胜利者。

和战场的血腥与惨烈程度相比，商场似乎显得较为文明和平静。然而在这样平静的外表下，没有哪一个成功的老板会降低对自己以及员工的要求，因为停滞本身就意味着倒退。他们都明白，在商界中，那些努力奋斗、抢占先机的人才是最后的成功者，也是幸运儿。

机遇对我们来说是一种宝贵的资源，谁都想据为己有，因为它是成功的条件。在人们同时都能看到机遇的时候，要把握机遇就是要先人一步。机遇落入谁家，就看我们的速度。

因此，我们不但要在认识机遇上先人一步，更要在把握机遇上快人一拍，积极创造条件，争取和利用一切可用的机遇。

一个人要快人一步，就要有加强自己的机遇意识，在加快发展上下功夫。如果想在日趋激烈的竞争中抢占先机，就必须增强机遇意识，善于发现和捕捉机遇。能否抓住关键性的、带有全局性的机遇，对能否加快一个地方经济发展至关重要，只有在解放思想上先人一步，才能抢抓机遇高人一筹；只有在思想解放上率先胜出，才能在加快发展上走在前列，所以说，我们要提高自己的能力，快人一步，抓住成功的机遇。

我们在进行赛跑时，每个人都在做准备的动力，等着哨声一响，他们便飞跑出去，跑向属于自己的成功，很多人的速度是差不多的，但最后的成功者只有一个，那个人之所以会成功，就是由于起跑时他比别人快上一步，抓住了起跑时的那几秒。在我们的生活中也是一样的，如果一个人在人生的起跑线上快人一步的话，那我们的人生也会与别人不同，所以说"起跑领先一小步，人生领先一大步"。

在我们这个竞争激烈的时代，只有比别人多下一些功夫，这一点点功夫往往就会在关键时刻让你比别人多一些机会。在任何行业，只要能够想到比别人领先一步，就能够抢占先机，也能够让你在自己的行业中处于优势。现在流行的"迷你裙"，就是因为起跑时领先了一小步，而造就了玛丽·奎恩特"迷你裙之母"的地位，因为她先人一步，所以她成功了。

快人一步取得发展的机遇

1934年，玛丽·奎恩特出生于英国，她的妈妈是一名老师。在16岁时，玛丽到了伦敦，在伦敦金饰学院就读绘画系，毕业后在女帽商埃里克的工作室里开始了她的设计生涯。她的设计对象，和其他人不同，主要针对当时还没有引起人们注意的少女时装。在那个时代，女孩们的服装毫无特色，也没什么讲究，往往都是穿着母辈的老式衣裳。玛丽说："我非常希望年轻人穿上她们自己喜欢的衣服，它不是古板过时的，而应是真正20世纪的年轻女装。可是，我意识到这一工作尚未引起人们足够的关注。"

就在 20 世纪 50 年代时，英国街头的时髦青年，身穿奇特的黑色服装，骑着摩托横冲直撞时，一位来自威尔士的年轻女子玛丽·奎恩特的服装设计使时髦青年的时髦衣着变得"平凡"而又没有"魅力"了。

在 1955 年，年轻的玛丽·奎恩特和丈夫亚历山大·普伦凯特·格林在伦敦著名的英皇大道开办了第一家"巴萨"百货店。他们的主要客户就是青年人，玛丽·奎恩特推出的第一件时装，就是后来风靡世界的"迷你裙"。他们夫妻的产业并不庞大，而且他们在当时的服装界中更是无名小卒，不过就是这种微弱的震动，恰恰预示着服装界未来的强烈地震，这一步也是具有跨时代意义的。

20 世纪 50 年代，她们都穿着长裙，当时的裙长徘徊在小腿肚上下，1953 年，迪奥只不过将裙下摆剪短了若干英寸，在新闻界里就爆出一大冷门。而当时鲜为人知的玛丽·奎恩特，却以其激烈的观点，开始了新时期的服装革命。她当时的战斗口号是："剪短你的裙子！"

1965 年，迷你裙和宇宙时代的青年女装闻名全球，玛丽·奎恩特进一步把裙下摆提高到膝盖上四英寸，全世界都纷纷仿效英国少女的装扮。这种风格被称为"伦敦造型"，到了 60 年代中期，"伦敦造型"成为国际性的流行造型。新时装潮流不可遏制，迷你裙受到了青年人的一致欢迎，而中年女性也以惊美的目光接受了这一变革，就在这时，多种不同的迷你风格装应运而生。新一代的设计家皮尔·卡丹、古海热、圣·洛朗、安伽罗等都相继推出一组组风格各异的迷你裙系列，各具特色。这一年，英国女王伊丽莎白访问美国，当她的船抵达纽约时，美英时装团体组织了迷你裙大型表演。当时，就算是最保守的高级时装店，也默默地剪短了他们的裙子。50 年前，一位著名的时装大师让·帕杜曾讽刺短裙是"笨伯头脑创造出来的"，然而，半个世纪以后，人类服装史上首次出现如此之短的裙子，玛丽·奎恩特赢得了全世界的胜利。

正是由于玛丽·奎恩特先人一步，所以，她成功了。我们在生活中也是一样，不管做什么事，一定要敢做，更重要的是一定要快人一步，抢先得到发展的机遇，这样才更有把握成功。

莎士比亚曾经说过："好花盛开，就该尽先摘，莫待美景难再，否则一瞬间，它就要凋零萎谢，落在尘埃。"成功也是如此，需要把握时机，快人一步占尽先机。才能成为自己的机会，才能走向成功。

台北有一位药材商人年初就看好石油期货行情，认为买入一定有利可图。当时原油每桶无非是 16 美元左右。拖到最后，他找到一家期货公司预备入市，一打听，一桶原油已涨到 20 美元了。眼睁睁看着行情从面前溜过，失去一个赚钱的黄金机会，这位商人只好惋惜得直跺脚。

这个故事告诉我们，机会稍纵即逝。古人云："兵贵神速。"在千变万化的形势下，时间就是金钱，效率就是生命。做了决定之后，迅速行动才能抓住机遇。否则，就会失去它的前瞻性和时效性。

第六节　瞻前顾后就会错过机遇

为了获得最佳的机遇，人们常常反复权衡利弊，再三斟酌，甚至犹豫不决，举棋不定，结果导致自己错过了很多可以成功的机会。

捕捉蝴蝶的机会

一群探险者在凌晨时分进山洞探险，发现有群蝴蝶。原本应该抓几只回去研究，可是周围太黑了，他们看不见脚下的路。有人提议先出去，等天亮了再进去抓蝴蝶，于是他们都退出山洞。等到太阳升起的时候，他们再次进洞，发现蝴蝶早已顺着一个小洞飞出山洞了。

由于探险者没能当机立断、马上行动，所以才导致错失了捕捉蝴蝶的机会。俗话说得好，"机不可失，时不再来"，在机遇前面，我们应当好好珍惜和把握，否则，机遇稍纵即逝，再无法重现，我们也因为痛失机遇而付出不菲的代价。

遇事果断，马上行动

有位住在加拿大尼加拉瓜瀑布地区的年轻人，名叫克里斯蒂安。他退伍后，马上在"安大略水力发电代办处"找到一份修理机械的工作。两年来，他一直表现优秀，并且工作得很愉快。一天，上司告诉他一个好消息——他被升任为领工，负责管理厂里重机油的设备。

克里斯蒂安说："从那时开始我便开始犯愁了。我曾经是个很开心的机械工，可升职为领工之后，日子就快乐不起来了。我担负的责任给我带来很多压力，不管是清醒时或在睡梦里，不论在厂里或家里，焦虑成了我最亲密的伙伴。"

"后来，事情终于发生了——我一直害怕的紧急事故终于发生了。我当时正走向一个碎石坑，那里原本应该有四部牵引机在工作。可坑里却是一片宁静，我急忙跑过去看，原来四部牵引机都出现了故障。"

"我从来都没遇见过这样的大事故。所以脑子一片空白不知该如何是好。我跑去找监督，向他宣告这个天大的不幸消息，问他要不要通知上头的部门还是停止施工，然后等着他朝我大发雷霆。"

"可是，这位监督转过身来，若无其事地向我微微一笑，然后说了三个字儿——修好啊！假如我有幸活到百岁，也永远不会忘记这句话。"

"从那时开始，我所有的焦虑、烦恼和恐惧，完全一扫而空，整个世界都恢复到了正常状态。我赶紧拿了工具出去，立即开始修理那四部牵引机。这三个神奇的字眼可以说是我一生的转折点，并且让我改变了自己的工作态度。感谢那位监督，我不仅再次对工作产生热忱，也下定决心——遇事不犹豫，不忧烦，只是赶紧修理好，就行啦！"

这位监督的做法实在果断，他使克里斯蒂安懂得了什么是当机立断。当机立断就是在需要行动的时候，马上采取行动。要能下决断，并马上实行，这才是成人应有的表现。自然，我们对问题本身也要研究清楚，再去解决。

很多人做事情总是瞻前顾后，因为他们担心，事情如果做不好，他们就会成为受责难的对象。所以，他们尽力地去逃避责任，如果有必要的话，他们还会陷入焦虑、疑惧或不知所措。这种烦躁和紧张，通常会使身体和精神趋于崩溃。

瞻前顾后的心理，只有鼓舞自己面对事实、勇敢向前的做法才能克服下来。如果我们能及早了解这个道理，以后将会受益无穷。

母亲的皮带

詹姆士·史坦堪德先生是位幸运人士。他的母亲不仅了解积极行动的价值，并且知道如何把这个观念和习惯传授给儿子。事情是这样的：

詹姆士12岁时，隔壁住了一个小太保，经常跑过来欺负他。

小詹姆士吓得不敢再出门，觉得躲在家里比较安全。一天，小詹姆士帮妈妈割草，妈妈为了表示感谢，就给了一些钱让他去溜旱冰，或吃些冰淇淋。可小詹姆士不愿出门，所以尽管拿了钱，却一直没有出去溜旱冰。

"妈妈问我是不是生病了，"詹姆士·史坦堪普先生回忆道，"我只含糊地回了几句。第二天，我冒着危险在巷子里玩弹珠，不巧就看到小太保远远走过来。小太保一看到我，立即冲了过来，我就没命地逃进车库里，跑得上气不接下气，并且吓得脸色惨白。更不巧的是，我和妈妈碰个正着，她问我究竟发生了什么事，我只好骗她我正在和朋友们玩躲猫猫。这时，小太保喊：'出来呀，你这个胆小鬼！'"

"妈妈听了，转身走开，过一会儿就拿来一条两米长的皮带。她告诉我，看我是愿意到巷子里面去对付小太保，还是甘愿留在车库里吃皮鞭子。我犹豫不决，妈妈的皮带立刻抽过来，狠狠落在我的后臀上。那种痛楚让我愿意立即去面对任何打击。"

"我像子弹一样冲出车库，并且狠狠地给小太保一个趁其不备的攻击。因为他完全没有预料到，一时没有反应过来，所以给我一个大好时机向前猛攻，最后当然是把恶人摆平了。"

"接下去的几天我享受到重获自尊的愉快，同时也深深感受到：不可以逃避现实，要勇敢地面对它。这种体认，让我往后的日子受益无穷。而这完全受益于妈妈的皮鞭和理解。"

人们都希望自己具有决断和行动的能力，这同时还是我们"自我保护装备"的重要元素。对大部分人来说，生活总是在几个固定形式中摆动，没什么特别，因此一旦意外事件发生，便会犹犹豫豫，瞻前顾后。如果我们能在平时便养成重行动的习惯，就可以很快地分析出自己所处的状况，找出最好的解决办法，以后一旦碰到危急时刻或生死攸关的场景，我们才有可能化险为夷。

机遇面前不能瞻前顾后

莱利斯·沃德福先生就遇到过这样的危机。沃德福先生和妻子及三岁大的女儿一同开车到科罗拉多欢度圣诞佳节。那一天，风雪交加，高速公路上的车子都减速慢行。突然，开在他们前面的几部车子都停下来了，沃德福也急忙踩刹车停下，并试图倒转车子往回开。可风雪实在太大了，他们陷入了车道旁的积雪中。

"我们在那里停了将近两个钟头，内心实在焦虑不已，"沃德福先生回忆当时的情况时说道，"在那两个钟头里，我们担忧的程度超过了所有以往的经历。夜色降临了，气温愈来愈低，风雪也变得更厉害了。路上的积雪愈来愈厚，我们的车子是绝对没法再发动了。我看着太太和女儿，心想必须赶快采取行动。"

"我记得刚才路过一栋农舍，距离我们停留的地方约400米远。如果我们能走到那里，或许有生存的希望。于是，我就把女儿抱在怀里,和太太一起向农舍出发。这实在是一趟艰苦的路程!积雪高到我们的臀部,得费很大的力气才能向前走一小步。"

"走到农舍后的 24 小时,我们都留在那栋有四间房的农舍里,还有另外 33 个人也因风雪被困在那里。可是我们都认为那里非常温暖、非常安全,简直就像到了天堂一样。事过境迁之后我们回想,如果那时我们没有毅然决然采取行动,而只坐在车里等候,也许我们早就在风雪中被冻死了。"

紧急的情况往往迫使我们要当机立断,立刻采取行动,不能犹豫,否则情况将难以补救。

"心动不如行动",在机遇面前,我们不能瞻前顾后,不能虚度光阴,该出手时就要果断出手,该拼搏时就应努力地拼搏一番。自然,这需要有正确的判断和足够的勇气,更要有充分的准备,否则,在机遇面前,行动也会成为盲动,甚至无疾而终。

布里丹毛驴效应

法国哲学家布里丹养了一头小毛驴,每天向附近的农民买了一堆草料来喂。这天,送草的农民出于对哲学家的景仰,额外多送了一堆草料,放在旁边。这下,毛驴站在两堆数量、质量和与它的距离完全相等的干草之间,可为难坏了。尽管它拥有充分的选择自由,但由于两堆干草价值相等,客观上无法分辨优劣,于是它左看看,右瞅瞅,始终也不知该选择哪一堆好。

于是,这头可怜的毛驴就这样站在原地,一会儿考虑数量,一会儿考虑质量,一会儿分析颜色,一会儿分析新鲜度,犹犹豫豫,来来回回,在无所适从中活活地饿死了。

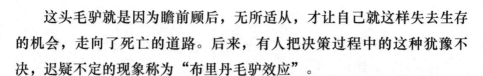
这头毛驴就是因为瞻前顾后，无所适从，才让自己就这样失去生存的机会，走向了死亡的道路。后来，有人把决策过程中的这种犹豫不决，迟疑不定的现象称为"布里丹毛驴效应"。

生活中，每个人都可能面临着种种抉择，怎样选择会对个人的人生成败得失产生不同的意义。很多情况下，机会是稍纵即逝的，它们不会给我们留下太多的反复思考的时间，我们必须当机立断，迅速做出决定，如果我们犹豫不决，那么就会两手空空，一无所获。所以，决策面前，我们一定要把握时机，运用直觉、想象力、创新思维，以做出正确的决策，求得满意的结果。

第七节　从变化中把握机遇的脉搏

创业的机会大都产生于不断变化的市场环境，著名管理大师彼得·德鲁客把创业者定义为那些能"寻找变化，并积极反应，把它当作机会充分利用起来的人"。

对一个追寻创业成功的人来说，就要精准地预测出市场当前和未来的需求，看清市场发展的趋势，走在市场供需变化的前端。

走在市场变化的前端

网络书店亚马逊公司的创始人是杰夫·贝佐斯。这位古巴移民的后裔靠着自己超人一等的目光，在短短几年的时间里，从无到有，让亚马逊公司成为世界最大的网上书店。他本人也成为比尔·盖茨式的美国新一代超级富翁，资产达到数十亿美元，创造了又一个"美国神话"。

杰夫·贝佐斯是个很有创造性的人。三岁时，他就拿着螺丝刀，想试着把自己睡的摇篮改造成一张大人的床。自懂事以来，他一直梦想成为一名宇航员或物理学家，他的房间摆满了太阳能灶飞和机模型等实验器材。贝佐斯在高中时期就筹建了鼓励创造发明的"梦研究所"，并让伙伴们积极参与，第一次展示出他成为企业家的潜能。在普林斯顿大学获得电子工程与计算机科学学士学位后，贝佐斯成为华尔街一家投资基金的副总裁，专门负责对网络科技公司的投资。

有一次，他被一份 Internet 发展报告吸引：当年互联网用户增长 2300％。以重视数据著称的贝佐斯在这个数字中看出了汹涌的 Internet 潜流，以及这一革命性的信息传播浪潮将带来的无限商机。为此，他决定在网上创办一个销售的店。他列出了 20种可能在因特网上畅销的产品。通过认真分析，他选择了图书。因为他觉得图书属于低价商品，方便运输，而且很多顾客在买书时不会提出当面检查一下的要求。因此，假如有效地进行促销，就可以激起顾客购买图书的欲望。而且在全球范围内，每分每秒都有 400 多万种图书正在印刷，其中英文图书占 100 多万种。但是，就算是最大的书店的图书也不可能有 20 万种库存。在这里，贝佐斯发现了图书在线销售的战略机遇。

1994 年，贝佐斯深切体会到网络市场的巨大机遇，他出人意料地放弃了当时条件优越的工作，前往西雅图。1995 年 7 月，贝佐斯在自己家的车库中建起了网上图书销售公司——亚马逊，这个名字和世界流量最大的河同名。

创建之初，亚马逊就呈现出奇迹般的增长势头，1995 年销售额为 51.1 万美元，1996 年为 1570 万美元，1997 年则增长了838％，达 1.47 亿美元，1998 年总销售额为 6.1 亿美元。现在亚马逊已经跻身世界 500 强公司。

亚马逊公司通过新的销售模式出售老式的书籍而赚得大笔的财富。后来包括庞诺书店以内的很多竞争者也建立起了网上书店，可是他们在亚马逊会"跑"的时候才刚刚开始学"爬"，所以竞争力远远比不上亚马逊公司。

事业成功的人都明白一个规则，那就是：人无我有，人有我先。在国际互联网飞速发展之时，看到人们未来的需求，走在市场供需变化的前端，成就了杰夫·贝佐斯等一大批美国网络英雄。

在社会发展一日千里、速度日益加快的今天，变化是市场的主旋律，因此，对创业者来说，预测市场的变化走向非常重要。泰国正大集团总裁、华人企业家谢国民曾经公开自己成功的秘诀："我每天的工作中，有95%是为未来5年、10年、20年而做预先计划。换句话说，我是为未来而工作。"确实，现在的社会发展是日新月异，只有对事物发展变化的趋势与远景做到胸有成竹，才能在事业上创造机遇，占领先机。

有变化就有机会

1994年，当时贝恩公司中国区总裁的甄荣辉需要招聘新人，他先是在一份英文媒体上刊登了招聘信息，可是效果不甚理想。后来，通过北京同事的指点，他选择在北京人爱看的一份当地媒体上刊登招聘信息，结果反馈很好。可甄荣辉自己却感到当时报纸的印刷质量很差。当时香港的《南华早报》每周有多达200多页的招聘专版，人力资源市场十分活跃。然而，比香港人口还多的北京却没有这样一份专业的招聘纸媒体。他隐约看到了人力资源市场的巨大空间。

到了1998年，大陆的人才交流市场越来越活跃，不管是用人单位还是求职者个人，他们迫切需要一个专业、定位于白领青年的招聘渠道。甄荣辉有感于这些变化，明白人力资源市场已经成熟，自己可以大展拳脚了。于是，甄荣辉和他的创业伙伴创建了一家人力资源服务公司。经人介绍，甄荣辉和《中国贸易报》合作，首先在北京推出了《中国贸易报·前程招聘专版》。北京《前程招聘专版》的创建，大获成功，受到了企业以及求职者的普遍欢迎。北京市场的运作成功，启发和鼓舞了甄荣辉和他的创业团队，他们开始在全国拷贝北京的模式。五年时间里，他们在全国19个城市和当地媒体合作，推出了针对当地市场的《前程招聘专版》。

1999年，互联网经济正在全球悄然兴起，网络给甄荣辉带来了新的机遇。顺应社会发展潮流，1999年1月，甄荣辉在上海建立起自己的网站，当然内容只能算是《前程招聘专版》的电子版。1999年底，网站也因此改名为"前程无忧网"。

由于中国的人才市场正处在发育阶段，同时甄荣辉的前程无忧网为人们带来了很大的方便，前程无忧随着中国人才市场的成熟而逐步成长。2002年，前程无忧营业收入就增长了25倍，销售收入约2000万美元。现在，前程无忧已经成为中国最大的招聘网站之一。

任何事业的成功都离不开市场的需求，而市场的需求通常是由一些变化带来的，比如，居民收入水平提高，私人轿车的拥有量将会不断增加，这就会产生汽车销售、修理、配件、清洁、装潢、二手车交易、陪驾等众多创业机会；随着电脑的诞生，电脑维修、软件开发、电脑操作的培训、图文制作、信息服务、网上开店等等创业机会也会应运而生。

对于一个时间久远的企业来说，新的变化就代表着某些改变；对一个新兴的企业来说，新的变化代表着新的机遇。尽早发现还不明显的发展趋势和潜在的可能性，是赢得市场的关键。

英国作家培根也强调："善于在一件事的开端识别时机，是成功者区别失败者的一个方面。"对大多数人而言，要想成就一番事业，就必须要学会预测、掌握事物发展的规律和趋势，从潮流的变化中捕捉创业的机遇。

第 5 章

创造机遇　做勇敢的智者

没有人会主动把机遇送到你门前，机遇也很难主动跳到你面前，你必须去主动争取。成大事者的习惯之一是：有机会，抓机会；没有机会，创造机会。任何人唯一能凭借的"运气"，就是他自己创造的"机遇"。

第一节　在不可能中创造可能

"不可能"对某些人来说，通常是一颗绊脚石，但是对另外一些人，却是一个大好的机遇。假如你善于把"不可能"变为"可能"，那么你就可能成功。

不要被"不可能"束缚住

美国布鲁金学会以培养世界杰出的推销员著称于世。它有一个传统，在每期学员毕业时，设计一道最能体现销售员实力的题目，让学员去完成。

克林顿当政期间，该学会推出一个题目：请把一条三角裤推销给现任总统。8年间，数不清的学员为此绞尽脑汁，最后都无功而返。克林顿卸任后，该学会把题目换成：请把一把斧子推销给布什总统。

布鲁金斯学会许诺，谁能做到，就把刻有"最伟大的推销员"的一只金靴子赠予他。很多学员对此毫无信心，甚至觉得，现在的总统什么都不缺，再说即使缺少，也用不着他们自己去购买，把斧子推销给总统是不可能的事。

然而，有一个叫乔治·赫伯特的推销员却做到了。这个推销员对自己很有信心，认为把一把斧子推销给小布什总统是完全可能的，因为布什总统在得克萨斯州有一个农场，里面长着许多树。

乔治·赫伯特信心百倍地给小布什写了一封信。信中说：有一次，我有幸参观了您的农场，发现种着许多矢菊树，有些已经死掉，木质已变得松软。我想，您肯定需要一把小斧子，但是从您现在的体质来看，小斧子显然太轻，所以你需要一把非常锋利的斧子，现在我这儿正好有一把，它是我祖父留给我的，很适合砍伐枯树。后来，乔治收到了布什总统 15 美元的汇款，并获得了刻有"最伟大的推销员"的一只金靴子。

很多时候，表面上看起来"不可能"的事通常是可能的，只要不让"不可能"的观念把自己的手脚束缚住。当你遇到"不可能"的事情时，首先你应该先想一想把"不可能"变成"可能"的方法。有时，你只需要向前迈进一步，或是坚持一下，或多想一些，"不可能"也许就会变成"可能"。而成功者之所以能够成功，就是因为他们对"不可能"多了一份不肯低头的坚韧和执着。

让"不可能"成为机遇

20 世纪 80 年代，刘欣还是吉林工学院的一名软件教师。当时公安局为了破案，通常都要排查，查一个案子有时要组织几十个人查几个月。一次，有个案子怎么查也查不过来，市公安局长是刘欣的老丈人，问刘欣能不能把这些资料装进电脑里。刘欣觉得这事儿并非不可能。他就跟学校商量，学校同意了。研究一段时间后，很多人觉得在这样一个机器里面存储大量数据是不可能的，就纷纷退出了。结果刘欣等留下来的人把不可能变成了可能。

当他们把这项成果汇报给公安部时，公安部领导决定投资研究全国的人口计算机系统。可学校不再同意刘欣搞这个项目，怕影响教学。刘欣决心下海创业，继续研究。当时有很多人担心万一失败了连养活自己都做不到，风险太大了。但刘欣不这样想，他那时也没有挣钱的意识，只是想干点事。出来就没有后路，只能大胆向前走。

刘欣从 1996 年开始研究指纹产品，主攻方向是指纹锁。因为指纹产品涉及光学、机械、电子、算法等几个学科，产品研发和制造的难度很大。刚开始时，北大和清华也在研究指纹锁。有人劝刘欣，你们一个民营软件公司能比他们更厉害吗？不可能。但刘欣想，不是不可能。公安人口户籍管理系统研制成功后，我们开发了指纹比对系统，这些新产品都取得了成功，而且占据了公安系统的大部分市场。同时，我们手里积累了大量的指纹数据库。这些都为我们的研发创造了条件。

现在，他们的指纹产品具有完全自主的知识产权，指纹算法在全国排行第二，电子电路设计、制造技术等与国外技术同步。目前刘欣的鸿达公司已成为全国最大的指纹产品生产基地。

鸿达公司也用他们的指纹锁产品敲响了通往世界财富的大门。现在，全球有 27 个国家、100 多个企业有鸿达的样品。美国、德国、沙特、比利时、日本、叙利亚等国家和地区陆续到鸿达公司接受培训，想要做鸿达在各国的销售代理商。而鸿达公司也从刚开始的几万元资产增长到现在的 3 亿多元。

说起成功的原因时，刘欣说："我相信所有的事情都有可能。"如果一个人轻易地被"不可能"吓倒，那么"不可能"就是一个绊脚石；如果一个人总是想办法去克服"不可能"，那么"不可能"就是难得的机遇。

当然，一个人要变"不可能"为"可能"，不但要从心态上认为"不可能"可以成为"可能"，而且要多想办法使"不可能"变为"可能"，只有这样，"不可能"才能成为为己所用的机遇。

世上没有"不可能"这回事

詹姆斯和朋友打赌，说只要方法巧妙，他能说服别人同意本来不可能同意的事。看看他是怎么做的：

詹姆斯到乡下一个农民家，这家住着一个老头，他有三个儿子。大儿子、二儿子都在城里工作。小儿子和他住在一起，父子俩相依为命。

詹姆斯对老头说："尊敬的老人家，我想把你的小儿子带到城里去工作，好吗？"

老头气愤地说："不行，绝对不行，你滚出去吧！"

詹姆斯说："如果我在城里给你的儿子找个对象，可以吗？"

老头摇摇头："不行，快滚出去吧！"

詹姆斯又说："如果我给你儿子找的对象，也就是你未来的儿媳妇是洛克菲勒的女儿呢？"

老头想了又想，终于被儿子当上洛克菲勒的女婿这件事打动了。

过了几天，詹姆斯找到了美国首富石油大王洛克菲勒，对他说："尊敬的洛克菲勒先生，我想给你的女儿找个对象？"

洛克菲勒说："快滚出去吧！"

詹姆斯又说："如果我给你女儿找的对象，也就是你未来的女婿是世界银行的副总裁，可以吗？"

洛克菲勒同意了。

又过了几天，詹姆斯找到了世界银行总裁，对他说："尊敬的总裁先生，你应该马上任命一个副总裁！"

总裁先生摇头说："不可能，这里这么多副总裁，我为什么还要任命一个副总裁呢，而且必须马上？"

詹姆斯说："如果你任命的这个副总裁是洛克菲勒的女婿，可以吗？"总裁先生当然同意了。

有句广告词说："没有什么不可能。"尽管这句话听起来有些夸张，可是当中也透露出一个信息，许多人眼里"不可能"的事情，其实往往可以成为"可能"，这取决于你做还是不做，以及怎么做。

有些事情，我们都曾以为"不可能"，但突然有一天，竟莫名其妙地发生在我们，或我们的亲人、朋友身上。还有一些事情，我们至今认为不可能，是因为我们从来就在暗示自己说"不可能！不可能！"但是你要知道生活是属于那些相信和创造可能性的人的。

第二节　从冷门中创造机遇

冷门可能往往不被人重视，然而这也是冷门的一个优势——因为不被人看好，竞争对手也相对较少，这样更有利于从中创造机会，进而开创自己的事业。

有需求就有机遇

19 世纪，美国加利福尼亚州发现了黄金，于是出现了一股淘金热潮，很多人都跑到加利福尼亚州去挖黄金。当时只有 17 岁的小农夫亚摩尔也准备去碰碰运气。他穷得买不起船票，只能跟着大篷车风餐露宿奔向加州。

因为挖黄金完全是力气活儿，再加上环境恶劣，亚摩尔感觉很不适应。挖了一段时间，他正准备放弃。一日，他听到找金矿的人抱怨说："要是有一壶凉水，我就给他一块金币。"后来，由于没有水喝，有人甚至说："谁要是让我痛饮一顿，老子就出两个金币报答他也无所谓。"原来，矿山里气候干燥，水源奇缺，找金矿的人最痛苦的事情就是没有水喝。

这些找矿人的牢骚，给了亚摩尔一个启发。他想，既然自己不适合挖金矿，不如卖水给找金矿的人喝，也许比找金子赚钱更快。于是，他毅然放弃了找金矿，转而开始向找金矿的人卖水。

他开始挖水渠引水，经过过滤，变成清凉可口的饮用水，把水装进桶里、壶里，卖给找金矿的人们。当时还有不少人嘲笑他，说大家来加州是为了找金子发大财，干这种蝇头小利的生意何必背井离乡跑到加州来。亚摩尔并不在意别人的冷言冷语，继续卖他的饮用水。

由于挖金子的人多，且对水的需求非常大，同时又没有人愿意干卖水的生意。很快，亚摩尔就赚到了6000美元，这在当时是很可观的。一些挖金矿的人却因为找不到金矿而要忍饥挨饿、流落他乡。

在现实生活中，许多人不习惯去抓一些看似没有多少胜算的机会，但是他们又抓不住很有胜算的机会，结果一生碌碌无为。其实，从市场的角度来说，无论是冷门还是热门，有需求就有机遇。

做别人不愿意做的事

霍英东先生是举世闻名的亿万富翁。20世纪50年代，香港的房地产业得到发展，他也在房地产业大赚了一笔。同时，房地产业的发展带动了建筑材料业。可是，当时香港淘沙业是企业家们很少问津的一个行业，因为这一业务用工多，获利少，赚钱难。

霍英东却不这么想，他认为，随着建筑业的发展，河沙的需求量会越来越大，是个很有潜力的市场，加上很多大企业都不屑一顾，这正是一个有利可图的良好机会，淘沙业在香港大有赚头。

当时，淘沙业的确用工多、获利少、赚钱难，但是这没有妨碍霍英东进入淘沙业。不愿守旧的霍英东试图改革，他花7000元港币从海军船坞买来挖沙机器，用机械操作，效率大大提高。之后，又进一步改用机船淘沙，派人到欧洲重金订购了一批先进的淘沙机船，随后又亲自到泰国，用130多万元港币购买了一艘大挖沙船，载重2890吨，每20分钟可挖取海沙2000吨，且能自动卸入船舱。此外，他还捷足先登，通过投标，承包海沙供应。

后来，霍英东先生拥有设备先进的挖泥船20多艘，生意也相当红火。这些挖泥船成了他的摇钱树，而淘沙业成了他的聚宝盆。

对成功的经营者来说，一些别人不屑做、不愿意做或一些平常的事就意味着机会，他们也往往能从别人想不到的角度开创起自己的事业。

冷门缔造商机

29岁的杨雨荷是西安人，12岁那年，她就长到了1.76米，一开始她在省体工队打排球。然而，在体工队待了几年后，她突然决定离开排球队，应聘到西安市的一家大型电子公司做业务员。

离开排球队后，杨雨荷很快有了新的困扰：那时，22岁的她身高1.78米，一双大脚非要穿41码鞋不可。可她无论如何也买不到合脚的鞋——走遍了整个西安，最大的女鞋也只有39码。

由于漂亮的衣服没有鞋子搭配，她只好天天穿着运动衣和运动鞋。出差时，她每到一个城市，都会去各个商场找大号女鞋。可是，无论哪个城市，哪个商场，都买不到她要的特大码女鞋。

于是，杨雨荷突然想：现在高个女生越来越多，为买大码鞋苦恼的女孩也一定不少，我是不是可以开一家专卖大码女鞋的店呢？2003年4月的一天，她的"大号女鞋店"便开张了。

由于大脚买鞋都比较难，"大号女鞋店"开张不久，就迎来了不少大个子，这其中还有不少是外地顾客。走进"大号女鞋店"，她们纷纷感慨着"总算找到了合脚的大鞋"，往往光临一次就买两三双鞋子。

更让杨雨荷开心的是，省体工队的两个女运动员在逛街时发现了这家店，一下子就带来了很多同行。这些年轻的女运动员和杨雨荷一样，以前常常为买不到合脚的鞋而苦恼。当她们发现这家"大号女鞋店"后，都如获至宝，把以前因为没鞋搭配而穿不了的漂亮衣服全部拿了出来，一件一件地穿到店里，挑选可以搭配的鞋子。这样一来，店里的鞋很快就被抢购一空了。杨雨荷统计了一下，一个月的时间里她就卖出了100多双鞋，减去成本和各种开销，净赚了2400多元钱。

时间一长，杨雨荷又对自己提出了更高的要求：她不仅仅从审美的观点出发，注重鞋的颜色和款式，而且对面料也提出了更高的要求。她希望顾客从她那里买的鞋不仅漂亮、时尚，还要穿得舒服。于是，后来每次到深圳进货，她都要专门去皮料市场转转，一个店铺一个店铺地看，向店主请教什么样的皮料做成鞋子后会更舒服。然后，她再向厂家提出自己的要求。

经过一番努力，她的收入也是节节攀升，现在，扣去各项开支，她每个月的利润都在6000元以上。

要想创业成功，降低创业的风险，就不能跟风做买卖，要善于找一

些"冷门""偏门"生意起步。这样不但竞争对手少，而且利润高，容易成功。

杨雨荷的成功正是因为她聪明地利用了这一点。假如当初她开的是一家普通鞋店，虽然表面上看起来，能吸引庞大的"中小脚"顾客群，但实际上却陷入了空前激烈的竞争中，而且利润率低，一招行错，就有可能创业失败，血本无归。相对来说，个高脚大的女性并不多，但因为长期没有人去关注她们的需求，她们反而成了一个极具潜力的消费市场。

杨雨荷因为发现了大号鞋这个"偏门"生意，才避开了激烈的市场竞争，创造了属于自己的创业机会。

俗话说："赚钱才是硬道理。"对一个寻找创业机会的人来说，最重要的一点是要考虑能不能做，可不可以赚到钱，没必要考虑一些不必要的额外因素——当别人对某个赚钱的机遇弃之不顾时，其实就是你大显身手的好时机。

第三节　学会从心底找路

人要学会用心思考，思路决定财路，有什么样的思路就会有什么样的财路。在当前市场经济条件下，并不缺乏市场，缺的是独运的匠心和别具一格的思路。

思考创造财富

在很久以前，有个善良的年轻人。他孝顺父母，爱护幼小，时常帮助别人。结果上天都被他感动了，派了一个神仙下凡来奖励他。

神仙对他说："年轻人，我能够满足你一个愿望，你想得到什么？"年轻人思索了半天没说话。于是，神仙动了动自己一根金光闪闪的指头，把路边的石子变成金子送给年轻人，被他拒绝；接着，神仙把路边的一块大石头点成金子，仍然被拒绝；神仙又把年轻人住的茅屋变成了金屋，把他家后面的土山变成了金山，但他都不要。

神仙又对他说："年轻人，我会点金术。可以把石头变成金子，你想要多少都可以！"

年轻人听后，沉思片刻，说："我想学你的点金术。"

神仙问他："你为什么不要金子而要学点金术？"

年轻人说："无论你给我再多的金子也总有用完的一天。可是学会点金术后我就可以取之不尽、用之不竭。可以帮助更多的人。"

世界著名成功学家拿破仑·希尔曾提出"思考创造财富"，对一个人来说，财富的多少并不重要，重要的是要有一颗能够创造财富的脑袋。

两个来自农村的人出去打工。一个买了去上海的票，一个买了去北京的票。在候车室等车的时候，坐在他们旁边的人议论起来了："上海人啊，太精明，你向他问个路都要钱，还是北京人忠厚，喊声大爷，他恨不能给你领到目的地。"

"可不是说嘛，吃不上饭的，人家不但给馒头，还送旧衣服穿呢！"

这时，这两人同时都改变主意了。去上海的人决定去北京了：幸好知道得早，去北京挣不到钱，但总不至于饿死吧！

去北京的人想：幸好没去北京，在上海随便做个什么都赚钱！

于是，他俩就换了车票！

原来去上海的那个人，去了北京。最初一个月，他过得很自在，什么也不干，既不渴也不饿，银行大厅不但有空调，还有免费的纯净水，超市还有从没见过的食品可以免费品尝！

去了上海的人，也活得很逍遥，觉得做什么都可以赚钱。他先是在建筑工地扫了一堆废土，人家给了他工钱。他又把这堆土掺点树叶子，用塑料袋包装一下，当"花盆土"卖给了那些爱美的上海人，一天就赚了100元！

后来，他干脆专门做起了"花盆土"的生意，一年后他在上海这所大都市竟拥有了一家小小的门面！

没多久，他又发现，那些店铺的楼面亮得可以照出人影，可招牌却黑漆漆的。一打听，才知道清洁公司只负责清洁楼面，不管清洁招牌！

他一听就来了兴致，当场买来了人字梯、抹布什么的，招兵买马地创办了一个招牌清洁公司，专门清洗招牌。慢慢地，他又拥有了一家有100多名员工的清洁公司，业务范围也从上海扩展到了南京、杭州等地。

后来，他和当初换票的伙伴重逢了。因为他想把业务扩展到北京，就到北京做实地考察，而在火车站广场上，一个浑身脏兮兮的乞丐追着他要手中的矿泉水瓶子，他回头一看，顿时惊呆了，6年前在家乡的小车站，他们换过一次票！

造成上述两个人天壤之别的原因是什么呢？其实就是两人的不同思路造成的。去北京的人因为总想依靠别人的施舍过日子，结果终生要靠人施舍；去上海的人因为想在一个充满机遇的地方改变自己的命运，结果他抓住了机会。

从易拉罐开始联想

　　王洪怀是沈阳的百万富翁，可他原本是个"拾破烂"的。一天，在捡易拉罐时，他忽然觉得靠这样的方式赚的钱太少，一个易拉罐就只能获得几分钱的利益，一天拾一百个，还不够买一份盒饭。于是，他望着易拉罐展开了联想：易拉罐是金属做的，能不能把易拉罐熔化做金属材料呢？卖金属材料，一定要比卖易拉罐赚钱⋯⋯

　　于是，为了证明自己的设想，他在自己的废品屋里做起了"实验"。他把一个空易拉罐剪碎后，放在煤球炉上烘烤。易拉罐随即变形，熔化成一块手指甲大小的银灰色金属。他拿着自己研制的"成果"，又拿出600元钱到有色金属研究所进行化验。化验的结果是：该材料为铝镁合金。铝镁合金是一种贵重的金属材料，在市场上有广泛的用处。

　　他算了一笔账：54个易拉罐能炼出1000克铝镁合金，5.4万个就是1吨。1吨能卖多少钱呢？金属公司的人告诉他，市场上铝锭的价格是：每吨为1.4至1.8万元。也就是说，拾5.4万个易拉罐至少可卖1.4万元。很明显，卖材料要比卖易拉罐获得的收益多六七倍！那么，市场上对易拉罐到底有多大的需求呢？通过他的了解得知，全国共有14条易拉罐生产线，每年要用掉2000吨左右的板材原料，需求量极大！既然有这么大的原材料需求量，与其去捡空易拉罐，倒不如去收购易拉罐熔炼。

　　他从一个拾荒者，用很短的时间就变成了回收易拉罐的老板。为了让更多的拾荒者把空易拉罐卖给他，他把回收价格从每个几分钱提高到1角4分钱，还把回收价格以及交货日期和地点印在一张小卡片上，散发给全市的拾荒者。就这样，空易拉罐开始接连不断地送往他指定的地点，甚至连废品回收站也把易拉罐用汽车送到他那里。

一切都在按他的计划进行。当易拉罐达到一定的数量后，他创办了一家金属再生加工厂，从回收易拉罐的老板，他又摇身一变成为熔炼易拉罐的老板。在一年之内，他利用空易拉罐炼出了240 多吨铝锭，前三个月就挣了 57 万元！在之后三年的时间里，他的纯收入达 270 万元。

古人云："力之用一，而智之用百。"意思是说，使蛮力，你只能得到微薄的利益，而投入智慧，用心思考，你就能获取巨大的财富。

要学会从自己的心底找路。只要做一个有心人，就能在别人看不到希望的地方，发现闪光的机遇；就能在别人认为不可能出现奇迹的地方，创造出奇迹；就能在不起眼的平凡小事上，做出不平凡的辉煌成绩。

第四节　从问题中察觉机遇

在生活中都会遇到这样或是那样的问题，有问题就有了需求，从而也就带来了机遇。善于发现别人的问题，并想办法去解决别人的问题，通常就能捕捉到成功的机遇。

从别人的需求中找机遇

2000 年，何咏仪刚刚大学毕业，本想着干一番事业，可半个月过去了，她都没找到合适的工作。身上的钱已所剩无几，她又不好意思求父母支援。好在天无绝人之路，一天，何咏仪到一家快餐店吃午饭。快餐店老板了解到她的情况后，又看到何咏仪聪明伶俐，于是给了她一张名片，让她有困难联系他。几天后，工作还是没有着落，无奈之下，何咏仪拨通了快餐店老板的号码，胆怯地问："您的快餐店还在招人吗？""你随时可以来上班！"快餐店老板这样回答她。终于工作了，心情却是尴尬的。她很怕遇到熟人，但是为了避免犯错，何咏仪还是告诫自己：做一行专一行，架子面子先放一旁。

有一次，何咏仪给西安高新区一些写字楼的白领送餐。才去第一家公司，就听到白领们纷纷吐苦水："你们店做的饭太没特色，再不改，我们就另外订餐。"送餐出来，何咏仪看见另一间快餐店的女孩在抹泪，于是关切地问她，原来她的客户一打开饭盒就骂，都说别放辣椒了，每次说了也是白费力气。女孩委屈地说："我每次转告客户意见，老板都不理会，还说今后不给他们送快餐了。"何咏仪眼前一亮，这不正是一个绝好的商机吗？有的快餐店觉得白领们难伺候，要求高，主动放弃了送餐业务。我为什么不把这笔业务揽过来，按照白领们的要求走呢？

从此，何咏仪每次送快餐，都会详细记下对方的电话、用餐口味和个人禁忌。自己收集的信息不够，她还会问其他同行，一一记下来。

快过春节了，店里面放假，何咏仪决定留在西安做快餐市场调查。在寒冷的冬天，何咏仪去西安高新区附近调查各家快餐店，她用冻得红肿的手记录下名称、电话、餐饮风格和快餐价位。几天考察下来，何咏仪心里更有谱了，酝酿着新的快餐运作模式：我可以做一个快餐中转站，收集各种风味快餐，提供给公司的白领，从中赚取差价。既帮快餐店拓宽了业务，又让白领选择更多，何乐而不为？

春节期间需求旺盛，许多快餐店放假。看到机会难得，何咏仪便找了一间20平方米的门面，然后雇了2个帮手，任务就是送餐。接下来，她开始给各个写字楼打电话，寻找业务。因为很多都是老客户，加上很多快餐店还没上班，很快，她就拿到上百份订单。

何咏仪很快根据订单的要求，找到了需要的快餐店。老板一听何咏仪要50份，答应给个优惠价格。何咏仪当即交了订金。随后，她又去另一家饭馆，预订了50份特色菜。当天，除去各种费用，何咏仪净赚150元钱。初战告捷，何咏仪信心十足。第二天，她多预订了50份，很快又送完了。

春节过后，快餐店的竞争日趋激烈，何咏仪的订单不如以前那么多了。她索性亲自上门，到公司推销。面对质疑的目光，她从容地拿出自己记录的快餐店手册，说："无论你们想吃什么口味，我都可以满足你们。送餐及时，保证营养，还能经常变换花样！"不少公司抱着怀疑的态度在何咏仪那订餐，但试过之后发现不错，纷纷取消原来的订餐。一个月下来，何咏仪外送的盒饭达到3600多份，利润达到2000多元。

第二个月，何咏仪又招聘了两位员工，自己则主动出击，到更多的公司联系送餐业务。同时，她不断想出各种花招，吸引白领。一方面，她寻找到更多各具风味、干净又便宜的小饭馆，让快餐店手册日益丰富，白领有更多选择；另一方面，她到各公司发放调查问卷，统计白领最爱吃和最想吃的饭菜，然后自己设计新菜单，交给饭馆去做。

渐渐地，写字楼的白领们都知道有何咏仪这个人。一年后，何咏仪外送的快餐盒饭达到每月几千盒，到2004年底，年利润已经突破100万元，她的小店面也升级为"西安柒彩虹餐饮有限公司"，成为西安第一快餐中介。

有一句话说得好，赢得客户，便赢得市场。对创业的人来说，要赢得客户，就要关心客户最需要什么，从而满足客户的需要。所以在某种程度上，别人的需求问题就是机遇。何咏仪之所以能在快餐业开拓一片天地，最根本的一点就是因为她能提供更多适合白领们就餐口味的菜单，她能比别人更好地解决白领们的就餐问题。

问题成就机遇

20世纪80年代以来，肥胖症是西方国家流行的一种文明病。患有肥胖症的人，苦不堪言，渴望能有减肥妙法。于是，减肥俱乐部、减肥训练班等如雨后春笋般被建起，瘦身法、减肥药同牛仔裤并驾齐驱，成为一种潮流。这股减肥热让一些精明的商人闻风而动。1981年，谢利在美国的亚特兰大首创全美第一家减肥快餐店，专门提供低热量、低脂肪的食物，还供应各种健美食品、天然食品、健美饮料，使食用者既能饱腹，又不至于吸收过多的热量而形成脂肪堆积。减肥餐馆自从开张以来就大受欢迎。短短几年时间，谢利的减肥快餐店已在美国43个州发展了90个分店，亚特兰大最初开设的快餐店，平均每年收入高达100多万美元。

生活中人们的问题可以说不一而足，谢利的创业成功就是因为他从肥胖患者的问题中创造了机遇，不但自己获利，还为肥胖症患者提供了适合他们食用的食品。

每一个人其实都有许多问题需要别人帮忙解决，对于一个创业者来说，客户的问题就是自己创业的机遇。要想创业成功，就应该了解客户的问题所在，然后以客户需求为中心，提供能解决客户问题的服务、产品，只有这样才能捕捉到难得的机遇。

琴纳生于 1749 年，原本是英国的一位乡村医生。他长期生活在乡村，对民间疾苦有深切的了解。当时，英国的一些地方发生了天花病，夺走了成千上万儿童的生命，却没有治天花的特效药。琴纳亲眼见到许多活泼可爱的儿童染上天花，不治而亡，他心里十分痛苦和内疚。他萌生了要战胜天花的强烈愿望，时刻留心寻找对付天花的办法。

有一回，琴纳到了一个奶牛场，发现有一位挤奶女工因为从牛那儿传染过牛痘病以后就从来没有得过天花，她护理天花病人，也没有受到传染。琴纳像发现了新大陆一样兴奋不已，他联想到这样一件事情——可能感染过牛痘的人，对天花具有免疫力。琴纳想到这里，不禁连声在心里问自己：为什么感染过牛痘的人就不会得天花？牛痘和天花之间究竟有什么关系？他进一步大胆设想：如果我用人工种牛痘的方法，能不能预防天花？他隐约感觉到自己已经找到了解决问题的突破口了。

沿着这条思路，琴纳开始了大胆的试验。他先在一些动物身上进行种牛痘的试验，效果十分理想，这些动物身上没有不良反应。接下来，就要在人身上进行试验。在人身上接种牛痘，这是前人没有做过的事，谁也无法保证不出问题。那么，究竟选谁来做第一个试验呢？在这个关键时刻，琴纳表现出可贵的牺牲精神——做试验的人必须是儿童，琴纳自己不符合要求了，便要自己的亲生儿子来充当第一个试验者。

他为了让成千上万的儿童不再受天花之灾，顶住一切压力，在当时还只有一岁半的儿子身上接种了牛痘。接种之后，儿子的反应正常。可是，为了要证明小孩儿是否已经产生了免疫力，还要再给孩子接种天花病毒。假如孩子身上还没有产生免疫力，那么琴纳亲生的小儿子也许就会被天花夺去生命。但是，为了世上千千万万儿童能健康成长，琴纳把一切都豁出去了。两个月后，他又把天花病人的天花病毒接种到儿子身上。幸好孩子安然无恙，没有感染上天花。这说明：孩子接种牛痘后，对天花具有了免疫力，试验成功了！

从此以后，接种牛痘防治天花之风从英国迅速传播到世界各地，肆虐的天花遇到了克星，到1979年，天花病就在地球上绝迹了。琴纳——这位普通平凡的乡村医生的发现拯救了千千万万人的生命。18世纪末，在法国巴黎，无限感激的人们为他立了塑像，上面雕刻了人们发自内心的颂词：向母亲、孩子、人民的恩人致敬！

确实，许多人的成功来自于主动去发现问题。对这种人来说，没有问题就没有机遇；发现了问题，就创造了机遇。

第五节　机遇与冒险并驾齐驱

冒险是一切成功的前提，不冒险就无法成功。风险越大，成功越大。

自己想做却不知是否会成功的事，但还是鼓起勇气去做，这就叫作冒险。海伦·凯勒说："人生要不是大胆地冒险，便是一无所获。"冒险是一切成功的前提，没有冒险就没有成功。风险越大，成功越大。

冒险是时代前进的助力

诺贝尔是瑞典的化学家。1833 年 10 月 21 日在斯德哥尔摩的一个热衷于化学研究的家庭里出生。在他出生后不久，一场大火烧掉了这个家。诺贝尔只得跟着父母外出寻找生路，前后去过俄国等一些国家。他从小就看到工人们在荒山野岭里用铁镐卖力地砸石头，为了开通一条公路或铁路，需要付出艰苦的劳动！小诺贝尔心想，如果能找到一种炸药，一下子就能炸毁岩石，填海移山该多棒啊！

诺贝尔的父亲伊曼纽勒·诺贝尔，是一位很有威望的机械发明家，却热衷于化学实验，想要制造出炸药来。

老诺贝尔经常为儿子讲述古代科学家的发明故事，增长儿子的知识，鼓励儿子长大以后要为人类做出贡献，并时常在厂里做些雷管和炸药的试验。还是少年的诺贝尔对这些事物很感兴趣。

1846年，意大利教授阿斯康尼亚·索勃莱洛在实验中用制作肥皂的副产品甘油和浓硫酸、浓硝酸混合制得了硝化甘油。索勃莱洛用它来医治心脏病。

　　一天，索勃莱洛把这种液体化合物——硝化甘油放到烧杯中加热，想要观察这种化合物蒸发后会发生什么变化，谁知意外地发生了爆炸，"啊，原来硝化甘油是一种烈性炸药。"这下索勃莱洛明白了。

　　由于硝化甘油十分易于爆炸而且是液态物质，因而很多人对它的制造、运输、贮存和使用没有办法控制得很好，所以也就很难用于实际。也由于有不少人在爆炸声中丧生，人们听到爆炸声就望而生畏。

　　诺贝尔却勇敢地迎难而上，走上一条充满艰辛而且时刻在和死神打交道的艰辛路途。

　　诺贝尔早就对中国的黑火药有所耳闻，并对此很有研究，他拿出了把硝化甘油与黑火药混合的研制方案。最大的阻碍是经费，为此诺贝尔去拜见法国国王拿破仑三世，介绍炸药的功效、用途。拿破仑只想到一点：如果炸药研究成功用于战争将大有可为。于是下令让一个银行家出100000法郎资助诺贝尔搞试验。

　　最初，诺贝尔想用黑火药引导火急速加热硝化甘油的方法使之爆炸，结果没能成功。通过无数次的试验，诺贝尔意识到：问题不在于硝化甘油本身，而是引爆装置不安全的缘故，为此他不遗余力地进行安全引爆装置的试验。

　　由于实验会发出连连的爆炸声，搞得四周的邻居都害怕了，不许他在那里做试验。于是诺贝尔就把实验室搬到了马拉伦湖，在湖中央的一艘船上继续进行硝化甘油的研究，他在四年多的时间里做了400多次试验，终于发明出可以初步控制的硝化甘油炸药和含汞的硝酸盐雷管，可诺贝尔为此付出了惨痛的代价——他的实验室完全被炸毁，他的父亲重伤留下了残疾，他的弟弟因为爆炸而死，他的哥哥身负重伤，他自己好几次死里逃生。

1867年，一个偶然的机会，诺贝尔看到搬运工人从货车上卸下硝化甘油罐，从有裂缝的甘油罐中流出的液体，竟然和罐子外面的泥土混合而形成固体，硝化甘油却没有发生爆炸。这下发现了奇迹，诺贝尔赶紧拿出一把吸饱硝化甘油的泥土进行试验，发现这种泥土在引爆后会发生猛烈的爆炸，不引爆的时候很安全。诺贝尔非常高兴，开始着手做大规模的试验。他把大量渗有硝化甘油的泥土堆积起来，用导火索引爆。没有想到，一声巨响，浓烟滚滚，实验室被炸上了天，人们惊叫道："诺贝尔被炸死了！""这下诺贝尔真的完了！"没想到，不一会儿，满脸污血的诺贝尔从瓦砾堆里挣扎着爬了出来，欢呼道："成功了！我的试验成功了！"

诺贝尔终于发明了安全固体烈性炸药——硅藻土和三硝基甘油的混合物。这种炸药很快获得瑞典政府的专利权。德、法等国也购买了这个专利。

后来，安全烈性炸药被广泛用于开路、筑路等工程。长约14千米的阿尔卑斯山的隧道，就是用这种炸药炸通的。尽管炸药也被用在战争上，给人们带来了不幸，可是总体来说，炸药推动了人类的发展，而这一切都是诺贝尔冒着个人生命危险带来的。

冒险精神是人类向前发展的动力，没有前人的冒险和探索，就不会有人类疆域的不断拓展、社会的发展和科技的进步。

冒险也和成功同在。在第一个吃螃蟹的人之前，没有人知道螃蟹是什么味道，然而只有第一个吃螃蟹的人，才能发现和体会到螃蟹的价值。成功也是一样，越是敢于冒险的人，越能抓住别人不敢轻易行动的机遇，从而更容易成功。

只有通过冒险，才能领略到美好的风景和壮丽的景观。所谓"无限风光在险峰"，一个人只有登上山顶，才能体会到"一览众山小"的感觉。而宋代诗人王安石也认为，"而世之奇伟、瑰怪、非常之观，常在于险远"。假如一个人不肯冒险，只想追求安稳平静的生活，那么就不会尝到真正成功的滋味。

"如果生活想过好一点，你必须冒险。"维斯戈说，"不制造机会，自然无法成长。"一个没有冒险精神、胆小、怕事的人，将无法成长。任何一件事情在没有完成之前，都会包含不确定的因素，通常也伴随着一些风险，而这往往是机遇对一个人的考验。勇敢承担风险的人，机遇就会降临在那个人的身上。而不愿承担任何风险的人，机遇就会离他而去。没有冒险精神，过多的"担心""害怕失败"的心态，不能实际帮你解决什么问题，它们只会阻碍你的行动。

培根说："世界上有许多做事有成的人，并不一定是因为他比你会做，而仅仅是因为他比你敢做。"美国杜邦公司创始人亨利·杜邦说："危险就是让弱者逃跑的噩梦，危险也是让勇者前进的号角。冒险是一种最大的美德。"成功和冒险是成正比的，所有的成功，都是敢想、敢做、敢于冒险的结果，成功离不开冒险。

抓住机遇，敢于冒险

马克西姆餐厅创办于1893年，是法国比较高档的著名餐厅。然而，餐厅的经营状况却越来越不景气，到1977年为止，已经濒临倒闭的边缘。当时的皮尔·卡丹已经是著名的时装大王，但他却把目光转向了马克西姆餐厅。

"买下这个餐厅。"这就是皮尔·卡丹的决定。

朋友们都觉得皮尔·卡丹在犯糊涂，都劝阻他："这个餐厅原本就不景气，而且要买下来耗资也不小，相当于自己给自己拖一个包袱。"还有人跟他说："不要害自己走上破产的道路，让头脑冷静下来。"

然而，皮尔·卡丹自己却有独到的见解：马克西姆尽管目前不景气，可历史悠久，牌子老有很大的优势。它经营状况不理想的主要原因在于档次太高，而且单一，市场也局限在国内，只要改进这几方面，一定可以收到成效。况且，趁其不景气的时候购买，才能以低价收购。

皮尔·卡丹这么认为：成功的机遇有很多，但能抓住的人不多，正因如此，成功的人不多，要想与众不同，关键时刻必须有自己的见解，要敢于冒险！

1981年，皮尔·卡丹以巨款买下了马克西姆这庞大产业。刚刚接手，他就立即着手改革，想走出困境。第一，增设档次，在单一的高档菜的基础上再增加中档和一般的菜色。第二，扩大经营范围，除了菜点之外，兼营鲜花、水果和高档调味品。第三，皮尔·卡丹还在世界各地设立马克西姆餐厅分店。

值得一提的是，1983年马克西姆餐厅又在北京开设了分店。当时，皮尔·卡丹亲自飞到北京，实地考察办店条件，在北京工作的法国人都对他说，他对中国市场的看法是很不现实的。可是，皮尔·卡丹已经把目光投向了中国市场。1983年，他正式在北京开设马克西姆餐厅分店，专门经营中档法国菜点，顾客络绎不绝，取得了巨大的成功。

皮尔·卡丹的成功之道就是抓住机遇，然后敢于冒险，放手一搏。

现代社会，做任何事情都需要承担风险，人们走路时有风险、吃饭有风险、肥胖的人连睡觉都有风险，甚至将钱存入银行也有风险。假如总是事事担忧，那么恐怕就惶惶不可终日，什么事也做不成了。只有敢于挑战风险的人，才有战胜风险、赢得成功的希望。

勇于从看台走上竞技场

秦英林在河南省内乡县马山口镇河西村出生，祖上三代都是农民。1985年，他考上河南农业大学就读于畜牧专业。1989年毕业，他被分配到南阳市一家食品公司工作。1990年结婚，他过起了很多农村人梦寐以求的城里人生活。

一开始他日子过得十分滋润，上班坐办公室，一切都按部就班地展开。但时间一长，秦英林的心里没着落了。做的工作和所学的专业关系不大，自己那么努力地念书为了什么？像父亲一样的农民在农村不知有多少，为什么不利用自己所学，做些真正有意义的事呢？秦英林产生了回乡创业的念头，然而他还是犹豫了三年。

在这三年里，秦英林为南阳的几个朋友设计猪舍、调配饲料，小试牛刀就得到大家的一致赞赏。他从中找到了自己的价值所在，坚定了回乡养猪的信心。1992年秋，他辞职和妻子一起回到家乡河西村，过起了"猪倌"生涯。

回乡后，秦英林被反对的声音包围了。朋友说："咱们农村出身的人能闯到城里不容易，扔了'铁饭碗'你以后肯定后悔。"父亲说："咱们农村个个都会养猪，用得着你这个大学生来逞能？"

巨大的压力没有让秦英林改变自己的信念。为了建立起万头猪场，他先后向家人和朋友筹资3.1万元。无论白天黑夜他都住在用玉米秆搭建起来的小窝棚里，打井、架电线、建水塔，什么都干。他还充分利用自己的专业知识，设计出砖拱结构的猪舍，降低了90%的造价。

1993年6月，秦英林分别从南阳和郑州买来22头良种猪，朝思暮想的养猪事业终于起步了！同乡们立刻就发现，大学生养猪和农民养猪的方式确实不一样。秦英林聘请的饲养员都是职高毕业生，他还经常给他们做培训；他有一套隔离和防疫制度，一般人不能随意接近猪舍；他配制饲料时运用营养学理论，猪一天能长 1 千克肉；给猪做肠道切除手术，亲自用手把猪粪掏出来；从国内到美国、法国、巴西等国的养猪场、兽医站和实验室，他到处学习……

秦英林的事业迅速发展壮大起来，创业第四年，他的净资产就达到 400 万元。随后，他主持了国家级星火项目——瘦肉型猪的产业化开发，年创社会效益上亿元，带动数千人就业。

秦英林不愿一直过着碌碌无为的生活，不愿蜷缩在温室之中，而是利用自己所长，开辟了一片属于自己的天地，创造出了个人的最大价值。

西奥多·罗斯福说："只有那些勇于从看台走上竞技场参与行动的勇敢者，才能成就伟业。"卡耐基也强调："增大成功概率，克服人生不确定性的最优方法，莫过于努力培养自己的冒险精神。"

在生活舞台上，不管做什么事，勇于冒险，才是达到成功所必需和最关键的因素。畏惧失败，害怕犯错，则是一个人一事无成的最大原因。

不敢冒险就是损失

有一个老者，见到一个农夫懒洋洋地躺在树下乘凉，便和他攀谈起来。老者先问农夫有没有种麦子。农夫回答："没有，我担心天不下雨。"老者又问道："那你种棉花了吗？"农夫说："没有，我怕虫子吃了棉花。"于是老者又问："那你种了什么？"

农夫回答说："我什么都没种，我要确保安全。"

"不敢冒险就是损失，"《冒险》的作者维斯戈说，"最后将毁掉你的生活。你无法知晓自己究竟是什么样的人，无法测试你的潜能，无法追求理想。你会变得好逸恶劳，经验愈来愈少，你的世界缩小了，不愿冒险来创造机遇，最终受害者就是你自己。"

人的一生中充满了变数，有很多风险都是我们无法规避的。出生就是我们人生的第一次冒险，随着我们一天天长大成人，各种选择会接二连三地出现在我们面前，而有选择就会有风险。选择考大学要甘冒落榜的风险，选择种地要冒着抵御各种自然灾害的风险，选择经商要肯冒亏本的风险，选择这个工作就要冒失去更好的工作的风险……然而我们必须做出选择，也就是我们必须去冒险，因此我们要做的不是逃避风险，而是勇敢地直面风险，接受人生的各种挑战。

第六节　聪明人创造的机遇比他发现的还多

聪明人创造的机遇比他找到的还多。美国新闻记者罗伯特·怀尔特说："任何人都能在商店里看时装，在博物馆里看历史。但具有创造性的开拓者在五金店里看历史，在飞机场上看时装。"

从刷盘子中创造机遇

伟大的自然哲学家法拉第是铁匠的孩子，年轻时他曾写信给汉佛里·戴维，申请在英国皇家学会工作。戴维为此问了一位朋友："这里有一封名叫法拉第的年轻人写来的信，他一直在听我的课，想让我为他在皇家研究院谋个职位，我该怎么办？""怎么办？让他去刷盘子，他要是真有志气，就会马上去做；他要是没有志气和野心，就会拒绝。"

后来的事实是，法拉第选择了"做"。刷盘子算不上一个什么好机会，然而法拉第却从中创造出了机会：他利用工作之余拿那些坩埚和玻璃瓶子做实验，虚心请教皇家学会的泰斗们。就这样，他最终成为伍尔维皇家学会教授。廷德尔谈起这位年轻人时说："他是人类历史上最伟大的实验哲学家。"后来，法拉第成为那个时代的科学奇人。

没有人会主动把机遇送到门前，机遇也很难主动跳到人的面前，你必须自己去主动争取。成大事者的习惯之一是：有机会，抓机会；没有机会，创造机会。任何人唯一能凭借的"运气"，就是他自己创造的"机遇"，这需要坚韧不拔的精神。

主动出击，创造机遇

来自江西的打工妹罗冬香就是由于善于创造机会，被浙江东阳市著名企业——朝龙服饰公司聘为生产技术厂长，年薪60万元。她在接受采访时说："有人说，我只是一个普通的打工仔，机遇无论如何不会降临到我的头上。其实不然，俗话说，当运气关闭这扇门窗时，必然有另一扇门窗开启着。就算是普通的打工仔，假如能够把握机会，有意识地创造机会，一样能够获利丰厚。"

1986年，在乡办造纸厂工作的罗冬香的腿骨被一辆车轧成了三截。然而，罗冬香没有自暴自弃，她相信天无绝人之路。

住院期间，一位朋友探望她时送给她几本裁剪书，罗冬香就开始学习裁剪。住院几个月，她足足剪掉了半人肚皮高的旧报纸。出院后，罗冬香又回原来的工厂上班，因为她的腿成了畸形，厂领导特意把她安排到磅房工作。虽然工作轻松，可是收入却很低，要维持生活很难。

这年冬天，一位湖北的裁缝来到仙源乡开办缝纫培训班。罗冬香听到这个消息后，就去朋友那儿借了点钱，凑够培训费报了名。

两个月的学习结束时，罗冬香连夜赶做了一件中山装，交给老师检验。老师见到衣服后，私下里就对别人说，这小姑娘将来会抢我的饭碗。

1992年，罗冬香应聘到温州华士服饰公司，开始了职业上的又一次飞跃。在"华士"工作几个星期后，她就被调到设计部工作。设计部有七八名设计人员，都是名牌大学的毕业生。于是，她不仅向老师傅虚心求教，还在业余时间翻阅了大量的专业书籍，并参加了东华大学的函授班学习，硬是念完了所有的课程。她所设计的欧式西服投放到市场后，马上掀起一股时尚潮流。因为在几次重大的技术革新中她提出的设计方案都被采纳了，年底她得到了公司的嘉奖。

1995年10月，罗冬香辞职回家养病。一个月后，罗冬香再次回到温州。这时，正赶上一家名叫"名绅"的服饰企业在筹办。通过朋友介绍，冬香加盟"名绅"。筹建初期，罗冬香成了实际上的主管，从车间设备安装到员工培训以及各项制度的完善，她都要一一去落实。

罗冬香出色的工作赢得了老板的肯定，他放心地把企业交给她去管理。一年后，"名绅"西服就得到了国家质量技术监督局一等品的殊荣，并被浙江省消费者协会授予"消费者质量信得过产品"。

慕名而来请罗冬香"出山"的浙江东阳市的青年企业家斯朝龙，是东阳市朝龙服饰有限公司的总经理。2001年初，他对罗冬香和她当年在温州叱咤风云的传奇经历有所耳闻，决定以年薪60万元聘请罗冬香这位打工妹，担任生产技术厂长。

由此可知，生活中并不缺乏机遇，而是缺少发现机遇、抓住机遇、创造机遇的能力。如果具备了一定的能力，就算生活中没有机遇，也能创造出机遇。

莎士比亚说："聪明人会抓住每一次机遇，更聪明的人会不断创造新的机遇。"怎样创造机遇呢？创造机遇要有目的、主动地去发掘或制造有利的环境，利用现有的资源，用最有效的方式，增加或创造利益。

从冰块中创造机遇

弗里德里克出生于美国旧金山的一个中产阶级家庭，少年时期他就希望自己能成为一个出色的商人。因为身边没有什么太好的机遇，他的心中也时常显得焦躁不安。

一个很偶然的机遇，他发现，常常被人们丢弃的冰块的用途实质上是非常广泛的。而它的主要用途也就是最普遍的、最大众化的用途——食用。并且，冰块放到水里，化为水，就能够成为冷饮。他立即敏锐地发现，在气候炎热的地区，这种饮料会有广阔的市场。

弗里德里克就这样看到了一个潜在的商机。然而，他发现眼前最重要的是改变人们的饮用习惯，用冷饮取代人们习以为常的热饮，创造出一种冷饮流行的市场局面，才可能让冰块销售业务有长足的进展。

于是，弗里德里克开始不断地实验创造消费。他试着利用冰块做出各种各样的冷饮，并把冰块加入各种酒中勾兑出不同口味的鸡尾酒。通过反复试验，他终于试制出适合多数人饮用的冷饮。

实验成功之后，他开始思考，怎样才能让冷饮自动地成为一种时髦，成为一种受人们喜爱的饮品，而不用靠自己挨家挨户地去说服顾客呢？渐渐地，他观察到人们一般情况下只是在酒店或是热饮店里喝饮料或酒。到了夏天酷暑难耐的时候，这些酒店生意都不是很好，店主也为此烦恼不已。于是，他决定以酒店为起点，传播自己创造的时尚。

刚开始时，他给一些小酒店免费提供冰块，而且教会酒店人员怎样用冰块去做各种冰镇饮品及勾兑各种鸡尾酒。由于这些冷饮在炎热天气下有解暑降温的效果，经冰镇过的各种液体也会变得非常可口，这些饮品便马上在各个地方，特别是那些气温高而又缺水的地区率先风靡起来。于是，很多店主开始纷纷效仿他的做法，大量购买冰块制作冷饮。弗里德里克自己也不失时机地开了一家冷饮店，专卖冷饮。一时间，冷饮风靡各地，人们逐渐改变了以往只喝热饮的习惯，习惯了在热天里喝冷饮止渴消暑。于是，冷饮开始在全国各地广泛地流行起来，成为一种全新的健康时尚。

冷饮的风行大大地提高了冰块的销售量，一切都像弗里德里克所预料的那样，冰块的销售业务得到了巨大的发展。弗里德里克的一番努力终于让冰块的消费市场初次得到充分的发掘，他的心态渐渐平和下来，事业也渐渐从开始时的艰难中走出来，慢慢向成功的高峰挺进。

　　从这可以看出，机遇不是等来的，在很多时候还得靠自己去发现、去挖掘，甚至还得靠自己去创造，而且创造机遇比等待机遇更加重要。毕竟现成的机遇很少，等待机遇显得过于被动。但创造机会却能充分发挥自己的主观能动性，把握甚至改变事情的发展趋势。

第**6**章

选择机遇　做命运的主人

在人生的道路上，假如你遇到了机遇，不能盲目地去把握，而要及时准确地作出判断，看看这个机遇把你带上人生巅峰，还是立即把你引入歧途。当你选择了那个引你走上歧途的机遇后，你就选择了和幸福背道而驰，走上了一条人生的不归路。因此，一定要擦亮双眼，别让自己抓错了机遇。

第一节　高尚是机遇的最佳选顶

意想不到的回报

不论你相不相信，"好人有好报"都是千古传颂的真理。一个具有高尚情操的人，上天赐予他的机遇会比任何人都多。人的品行和机遇乍看之下貌似没多大关系，其实密不可分。没有良好道情操的人往往被人蔑视，有操守的人值得信赖，只有当你值得信赖的时候，别人才可能给你机遇。因此，人千万不可利字当头，什么都不顾，否则最终会损人害己。

在英国皇家音乐学院进修的小丹，通过自己的故事，为我们讲述了高尚品质的重要性。

小丹她说一直以为自己的运气不是很好，因此无论做什么事情都很努力、很拼命。她相信天道酬勤的道理。

2001年的时候，从小爱好音乐的小丹来到英国，想进入当地的皇家音乐学院深造。但是到英国都快半年了，始终没有办法成为皇家音乐学院中的一员，无奈之下，她只得寄住在伦敦做房屋设计的朋友家里，自己做些零碎的家庭教师一类的兼职工作。尽管收入也能支撑生活，可是由于和当初出国的目的大不相同，小丹很不甘心，一直在努力地创造机遇。

皇天不负苦心人，终于被小丹等到了机会，在一次全英钢琴大赛中，她获得了第三名的好成绩，也是本次大赛里中国人获得的最好的名次。多年的努力终于有了回报，由于这次的比赛结果，主办方为小丹提供了一个在皇家音乐学院继续深造的机会。负责招生的老师给她发了一封电子邮件，邮件里有一句这样的话："我们希望我们的学生是拥有'高尚人格'的学生。"

在一个月前，小丹很顺利地通过了 7 月 29 日的笔试，面试在 8 月 15 日举行。小丹在考完笔试之后就辞去了所有的工作，把精力都用在练琴上，以便更有把握去考试。8 月 10 日下午，她练了一会儿琴，觉得有点累了，于是靠在沙发上想要休息一下。恍惚之间，一向睡得很沉的她竟然被热醒了。小丹的第一反应是：我明明记得开了冷气的呀。随后伸手想要开灯，灯没有反应；拿起放在一旁的遥控器，想要开电视，电视居然也没反应。朋友加班还没有回来，小丹心里有些慌乱，她拉开窗帘，简单地梳洗了一下，准备出门去看个究竟。

走廊里也是黑漆漆的，有人点了蜡烛，可过道里还是很昏暗，人们匆匆忙忙地走着，每个人都显得有些焦虑，小丹面对这突如其来的景象，惊呆了。莫非出了什么大事？想着想着，她越来越慌乱，一面在心里祈祷，一面往附近的社区服务中心走去。她正打算推门进去问问究竟发生了什么。谁知，一个从里面出来的华人男士不由分说拽着她就往里走，边走边说道："你来得正好，我想你一定是来帮忙的吧。到处都停电了，场面太混乱，好多人跌倒、受伤，我们正需要人帮忙……"小丹定睛一看，原来是隔壁的卡尔。

她刚想表示拒绝，但是已经来不及了，她被卡尔拉着来到了小区的医疗卫生病房，里面全是都是受伤的人。"你负责那边几个床位吧，他们受的伤并不是很严重，为他们倒点水喝，陪着聊几句安慰一下他们就可以了。"

小丹一时不知该如何是好，转身就走好像显得不太礼貌，留下来的话她又不知道自己可以做什么。想了想，她决定应付一下再趁乱偷偷溜走。决定了该怎么办之后，她就安下心来，尽管并不明白究竟发生了什么，可看样子应该不是很严重，她放下心来耐着性子开始做起事来。一开始，她还一边做，一边不时看看手表，她不停地跟自己说："最多一个小时，一个小时后我就走。"

"小丹，拜托你照顾一下这位先生，他受伤了，刚刚经过紧急抢救，虽然没大碍了，可是他家人还没过来接他，只能待在这里。"

"这是杰利太太，你应该认识的吧，就是你们楼下二楼的。你陪她聊聊天吧，她太紧张了，家里刚出了事，丈夫已经过世了，我们说什么她都不愿相信这是普通停电，而且她的孩子都还没有赶回来呢。"

"小丹……"

人越来越多了，事情渐渐变得似乎已经不可控制了，只看到进来的人却看不到出去的人。电力仍然没有恢复，小小的社区卫生院已经拥挤不堪。虽然小丹很想离开，然而自己手头的事情还没有做完，另一件事情已经吩咐下来了。在那个时候，好像任何一个人都可以命令其他的人，别人在命令着小丹，小丹也在命令着其他人，因为大家的目的只有一个，那就是救助。

不知过了多久，忽然，小丹觉得眼前一黑，然后就什么也不知道了。醒来时，她发现自己躺在医院的病床上，床边有一大束娇艳的玫瑰。朋友的脸上是温柔的笑容："小丹，你真坚强。你让我看到了你最美丽的一面，你就像天使一样。"

赞扬的话虽然很顺耳，然而小丹完全听不进去，她只想着回家，然后练琴，她只知道，她快要考试了。8月15日，对小丹来说是决定命运的一天，在她从医院回家后的第三天，她参加了面试。结果不是十分理想，她由于紧张而弹错了一个音符。原本她的钢琴水平很好，可是这个学校要求过于严格，而且人才辈出，这一个看起来微不足道的错误已经像是给小丹判了死刑。所以，小丹甚至从心里觉得是那次停电后的社区服务毁了她的大好前程。

小丹明白这次自己进入皇家音乐学院的梦彻底结束了，所以回到朋友家后，她稍加修整，打算继续她那平淡如水的家庭教师生活。但是，就在这个时候，奇迹发生了，她的邮箱里多了一封来自皇家音乐学院的邮件。邮件的内容更让人欣喜，是小丹被学院录取了的通知。院方还解释说，他们之所以决定录取她，是因为她面试时那个明显的错误不足以掩盖她高尚的品质。原来院方看到了有关 8 月 10 日那天大停电的报道。他们说小丹躺在病床上的照片深深地震撼了他们。音乐是一门发自内心的艺术，只有真正拥有高尚情操的人，才能把音乐的真谛演绎得淋漓尽致。虽然小丹在面试那天弹错了一个音符，可是他们还是看出了她拥有娴熟的技巧，他们需要的不单单是音乐方面的顶尖人才，同时还需要具有高尚人格的学生。

小丹说，读到这封邮件，她泣不成声。这是她第一次为成功之外的东西流泪不止，她一直认为，只要自己努力拼搏，人生就会很美好，她一直执着地努力着追求着，却从没想过要付出自己看不到任何回报的东西。可偏偏就是这一次无可奈何的帮忙，竟然成就了她"高尚"的人格，也带给了她意想不到的回报。

生活中有太多像小丹这样的人，自己一开始并没有意识到高尚品质的重要性，但是却由于自己做了那些让他人看来是具备"高尚品质"的事情而给自己带来了机遇。

要保持高尚的情操

其实，无论出于什么目的，为了创造机遇也好，为了帮助他人也罢，高尚的情操都是我们不能丢弃的做人的最基本准则。而且无数事实证明，这种情操的确对我们获得机遇的青睐起着至关重要的作用，这样完善自我修养、改变人生现状的一举两得的美事，我们何乐而不为呢？

第二节　邪念带来的机遇不能要

邪念从欲望里滋生，适度的欲望会成为激发人正面力量的动力，但如果欲望太强，让邪念完全统治了人的心灵之后，就会产生相反的效果，甚至会导致悲剧的发生。很多看似机遇的东西其实不过是海市蜃楼，因此，人们要学会擦亮双眼，不要被虚幻的事物蒙蔽住双眼，不要让邪念入侵心灵，否则，即使是有机遇来到你的身边，那个机遇也只是带给你一时的风光，却遗留下一生的懊悔。

一块砖头带来的机遇

以利亚由于误伤他人被判入狱3年，女友因此向他提出分手，母亲因此气得心脏病发，卧床不起。以利亚非常伤心，很想再见自己的女友一面，也希望能照顾一下年迈的母亲。于是他暗暗琢磨起越狱的计划来。他学着电视剧《越狱》里面的方法，用一张报纸做掩护，在做工的时候偷了一把小刀，花了好几个月的时间，终于用小刀把墙上的一块砖掏空了一半。

一天，狱警约翰在进行例行检查的时候，尤意中发现了以利亚的秘密，但由于他平时和以利亚关系还不错，他知道以利亚为什么想要出逃。自己同样是有母亲的人，他也很同情这个青年人，所以没有揭穿这件事。他小声地对以利亚说："你知道墙的另一边是什么吗？"以利亚胆战心惊地回答："外……外面是自由……我……我很想照看我的母亲，她快不行了……"约翰微微一笑说道："可另一边是死刑室。"

很快，约翰给以利亚换了一间囚室，以利亚也由于感激约翰的帮助，更是因为死刑室让他吓破了胆，也就再也没有动过越狱的念头。三年很快就过去了，以利亚出狱了，他开了一家小酒吧，女友也重新回到了他的身边，母亲的身体也日渐好转，日子过得还算安稳。

一天，以利亚正在酒吧里忙得不亦乐乎，一个穿着体面但神情非常沮丧的男子走了进来，要了一杯威士忌。当以利亚把威士忌端给他的时候，以利亚突然惊呼起来："约翰警官，是你吗？还记得我吗？我是以利亚啊！"

那个男子愣了一下，显然他已经认不出以利亚了。"我是以利亚啊，警官，以利亚，挖砖的那个……"以利亚抑制不住心里的激动兴奋地说，"当年多亏你帮了我啊，发现我挖砖但没有告发我，要不然我现在可能还在监狱里呢！"约翰喝了一大口酒："嗯，那是该祝贺你重获了新生。""有什么不开心的事吗，约翰警官？""唉，中国有句古话，说的是成也萧何，败也萧何。我现在是成也那块砖，败也那块砖啊……""警官，那块砖怎么了？""我因为那块砖，救了你，却害得我自己要进监狱了。"以利亚大吃一惊，追问道："发生什么事了？"约翰一脸的无奈，说出了事情的原委。

原来，当年约翰给以利亚换了牢房以后，并没有把砖头补上。后来他在经济上遇到了困难，就在那块砖上打起了主意。每次新搬进去的犯人只要发现了那块砖，并动了它，他就暗示他们贿赂自己，否则就会背上越狱的罪名。终于，一名犯人把他告上了法庭。"知道我今天为什么穿西装这么正式吗？因为一会儿我就要上法庭了。"约翰一口喝光了杯中剩下的酒，叹息道："早知今日，何必当初呢。我救得了别人，却救不了自己。"

人生有时候就是这样，同样的事物，你往善的方向思考它，它就把你向善的方向引导；相反，你因它心生恶念，它也会引导你做相应的事。

所以，在人生的道路上，假如你遇到了机遇，要先准确地做出判断，看看这个机遇是能把你带上人生巅峰，还是立即把你引入歧途。当你选择了那个引你走上歧途的机遇后，你就选择了和幸福背道而驰，走上了一条人生的不归路。因此，一定要擦亮双眼，别让自己抓错了机遇。

当我们遇见一些违背公正和良心的机遇时，不能把它握在手中不放，而要坚决地将其抛弃。做人要坚持自己的原则，不能违背自己的良心，坚持了自己的底线，维护了自己的尊严，就算失去一次机遇也是值得的。

面对机遇，要对得起自己的良心

美国著名的心脏移植专家亚瑟正坐在布奇逊中心医院的办公室里。他翻开了一本助手刚刚送来的病历：安德鲁，32岁，o型血。病历中记录了这位病人的心脏病病史，并且各大医院都诊断出他只剩6个月的生命了。亚瑟轻轻地拿起安德鲁的心脏x光片，看到安德鲁的心脏已经明显变大，轻轻叹气。在全美国一年大约有一千多人需要移植心脏。可是心脏的来源却非常少。如果6个月内没有一个人由于意外事故而死亡并愿意捐献心脏，那么安德鲁就一定会死亡。

就在这时，亚瑟的思绪被一阵急促的电话铃打断了。他拿起电话，是一个陌生女人的声音："你好，亚瑟先生，我叫凯琳·布尼，我现在代表总统给你打电话。"她的声音很温和，但又带着一种不容置疑的权威，"我们这里有一位病人，他叫弗尼斯，他是总统的高级顾问。他患上了心脏病，我们希望你可以给他最好的治疗，通过心脏移植手术挽回他的性命。他的命对国家来说十分重要。"

"请你们尽快把弗尼斯先生送来，我们会尽最大的努力来挽回他的生命。"从白宫打来的电话引起了亚瑟以及医院的高度重视。

第二天，医院里多了一个病人，那就是总统的高级顾问弗尼斯。弗尼斯今年已经60多岁了，进入政坛多年，这几年深受病痛之苦，可他的双眼仍然炯炯有神。一名助手告诉亚瑟说，弗尼斯先生只能活8个月，他现在很需要进行心脏移植手术。亚瑟翻阅了他的病历册，发现他和安德鲁身材相当，而且都是o型血。这样的发现使他马上意识到了问题的严重。

进行心脏移植手术前还需要对病人进行一系列的检查。很快，安德鲁和弗尼斯的检查报告出来了，弗尼斯由于受到心脏病魔的影响，他的肾脏和肝脏都受到了损伤，而且损伤程度已经超过了标准。但是安德鲁的受损程度没有弗尼斯那么厉害，还没有超过标准。医学中，假如肾脏和肝脏的受损程度超过了一定的标准，是不能进行心脏移植手术的。亚瑟决定先为弗尼斯进行治疗，恢复他的肾脏和肝脏的功能，然后再进行心脏移植。

就这样过了三个月，眼看死神就要夺走两位病人的生命，却仍然没有找到适合的心脏。亚瑟很担心弗尼斯的病情。在三个月内，他对弗尼斯进行了周密的治疗，但是却没有明显的效果。他觉得自己肩上的担子越来越重。白宫那边也经常打电话来询问弗尼斯的病情，整个医院都在围着他转。亚瑟并不希望有适合的心脏，因为这样，他就不会面临困难的抉择了。如果两个病人死了，他也就解脱了。但是，作为一名医生，应当遵循本分，他感觉他之前的念头非常可恶、可憎。

死神一天天地逼近了，就在这时，从心脏服务中心传来了消息，在250千米以外的一个小村庄，有一名年轻人意外身亡了。根据提供的资料显示，那名年轻人的身材和安德鲁、弗尼斯的相仿，而血型也恰好是O型。

当院长得知这个消息后，马上来到亚瑟的办公室，高兴地对他说："亚瑟，我已经把那个消息告诉了白宫，他们感到非常兴奋。"

"但是我还没决定接受心脏的移植呢。"亚瑟不耐烦地说。

院长对亚瑟的反应感到很诧异，大声说道："那你就现在下决定！"说完，快步走出了他的办公室。

亚瑟在院长走后坐在窗边，陷入了沉思。他反复地翻阅弗尼斯和安德鲁的病历表。先为谁做？选择了一个人就相当于给另一人判了死刑，这样做太残酷了。弗尼斯是一个对国家很有影响的人，而安德鲁只是一个木匠。治好弗尼斯就可以给医院带来各种各样的好处。安德鲁的死亡对医院不会造成很大的影响。问题在于弗尼斯现在的身体状况不能进行心脏移植手术，如果强行给他移植，最多也只能活一年半载。但如果给安德鲁移植，他能靠着这个心脏活10年。想到这里，亚瑟不禁摇了摇头，怎么办？他作为一个顶尖的心脏移植专家，向来果断、大胆，但是眼前这个看似很简单的问题，对他来说却是一个严峻的考验。如果选择了良心，那他会失去一切。如果放弃良心的折磨，他会拥有很多。在徘徊和挣扎之中他来到了弗尼斯的病房。他发现弗尼斯像变了一个人一样，有心脏了的消息仿佛给他打了一针兴奋剂。弗尼斯见到亚瑟来了很高兴，说："尊敬的医生，我为那个年轻男子的死感到难过，可我必须要活下去，国家还有很多事情在等着我。"他认为那颗心脏已经属于自己了。尽管他知道还有一个和他一样需要心脏移植的人。

安德鲁的病房里死气沉沉。安德鲁双目无神地望着窗外，这个消息并不能让他兴奋起来。他明白，弗尼斯先生也同样需要那颗心脏。无论从哪方面看，医院都是要优先照顾弗尼斯的，他已经做好了死的准备。当他看见亚瑟走进他的病房时，笑着说："医生，不需要为我担心，我还可以等。"亚瑟没说一句话，帮他盖好被子，走出了病房。

亚瑟看了看表，已经晚上9点了。还有几个小时，那颗心脏就要运到医院了。时间已经不允许他犹豫了。他决定把心脏给安德鲁。当他把自己的想法告诉院长之后，院长大怒："亚瑟，你应该明白知道，你这个决定会给你自己、医院，甚至国家带来什么样的影响吗？"

"这个我当然懂，我已经尽全力为弗尼斯治疗了，可是他目前的身体状况不能接受移植手术。我是一名医生，我的职责是救死扶伤，无论病人的身份高低，我只是想让那颗心脏发挥最大的作用。所以我选择安德鲁。"

"你不能这么做，你犯了一个很大的错误，我已经跟白宫那边承诺了，你这样要我怎么跟他们解释！"院长大叫起来。

"我会向他们解释并承担一切后果的！"亚瑟毫不犹豫地拿起电话，通知护士长："请你马上通知安德鲁，凌晨2点开始手术。"就这样，生命的光辉照亮了安德鲁。

一个月之后，弗尼斯因为年龄较大，加上那颗损坏的心脏，死在了病床上。这则消息马上传遍了整个美国。医院即刻解雇了亚瑟。亚瑟独自一人走出了办公室，他并没有感到伤心，也一点不后悔。他知道，虽然自己失去了一切，却坚守住了作为医生的原则，他维护了公正，对得起自己的良心。

对于故事中亚瑟医生的选择，我们不禁发出疑问：人的一生，究竟是在追求什么？面对这个答案假如你还犹豫，那请不要犹豫太长的时间。因为这个答案毫无疑问：要对得起自己的良心！对得起自己的良心不但有益于社会，有利于他人，更有益于自身。

第三节　期望值合理才不会　　　与机遇擦肩

每个人在认识这个世界之前，都要认识自我。自我认识是否恰当也是我们在社会中能否很好地对自己定位的前提。对自身能力估计过高，就会使自己对未来的期望值加大，这样在实际工作中，就会暴露出很多弱点，往往不能按时完成任务。而过低的期望值也会给工作和生活带来麻烦。所以说，正确看待自己的实力，对自己有一个恰当的期望值，对工作的完成和目标的设置更有好处。

过高的期望值会错过机遇

王宏大学念的专业是计算机，毕业后找到一份软件测试的工作，待遇和福利都很不错，在严峻的就业形势下，王宏很为自己骄傲。工作半年后，公司想外派他到国外进修，他答应考虑一下。就在这时，他参加同学聚会，发现当初班上一个各项成绩都不如他的同学进了政府单位，每天工作都很清闲，月薪却比他多上三倍。聚会之后，他越想越不平衡，觉得自己毕业时选择失误，应该还有更好的机遇等着自己。回到公司后，王宏不但拒绝了到国外进修的机会，还辞了工作。那之后过了三年，王宏由于没有人脉关系和良好的社交，没能进入政府单位工作，陆陆续续换了好几份工作。每当他换一份就会和以前的公司比较，发现一个不如一个。而三年后，当他再想回到原来的公司时，发现他当初的同事们都出国进修过，回来后都纷纷升职加薪，成了他的面试官。

假如王宏不是对自己的期望值过高，就不会错过到海外进修的机遇，也就不会在三年的时间里都过着一事无成的日子了。我们时常所说的人好高骛远、眼高手低，就是由于对自己缺乏正确的认识，从而有了过高的期望值导致的。如果我们不能够正确地认识自己，或是认识到了却不肯承认，为自己穿上一件虚伪的外衣，就成了自欺欺人了。生活就像一面镜子，我们对它做出什么动作，它就会以相同的动作回敬我们。

对自己的期望值过低也是不正确的，因为在生活的每个方面，我们都会遇到困难，如果一味地以为自己不行，没有能力解决困难的话，就会使自己丧失很多成功的机会。如何对自己有一个恰当的期望值呢？看清自己才是最关键的步骤。

正确认识自己，就要看清自己的成绩和长处。一个人能有所成就，肯定有自己独特的能力，但能力是一方面，机遇也是很重要的，主观因素和客观机遇同时存在，才能造就了辉煌的成绩。因此，绝不能单纯强调自己的主观努力，忘记别人和社会为你创造的条件，一定要谦虚谨慎，老老实实做人，勤勤恳恳做事，否则成功迟早会丢掉你这块"料"。

弗鲁姆说："对期望值的估计要高低得当，这才有利于激励活动的正常开展，并取得良好的激励效果。期望值过高或过低，都不利于激励活动的正常开展，也难产生激励作用。对期望值估计过高，难于实现，易受心理挫折；对期望值估计过低，会因悲观而泄气，影响信心。两种情况都不利于调动人们的积极性，都达不到激励效果。"也许以前，很多时候，我们都对自己缺乏正确的认识和期望，做任何工作只是埋头苦干，有时会因为很难完成而情绪失控。

合理的期望值让机遇唾手可得

苏菲出生在美国一个最普通的家庭，对小时候的她来说，金钱在她家代表着紧张、忧虑和悲哀。12岁的时候，她进一步体会到了金钱震撼性的力量。当时，苏菲的父亲有一个小小的鸡肉食品作坊，卖一些汉堡、热狗和油炸食品。有一天，炸鸡肉的油着火了，不一会儿整个作坊化为一片火海。她父亲在被大火吞没之前逃了出来。

接着，让苏菲一生难忘的事发生了：她父亲不顾一切地冲进火海里，因为他想到他的钱箱还在里面。她父亲把钱箱抱出来放在地上的时候，能够看清钱箱上粘着他胳膊和胸口的皮肤。

父亲冒着生命危险回到火海，让苏菲意识到，对父亲来说，金钱十分重要。从那一刻起，她就希望自己能够多赚一些钱，改善家人的生活。

苏菲的第一份工作是在加州宜家面包房里做营业员，虽然条件不是很好，但她一直渴望开一家有餐厅、美发沙龙的休闲娱乐公司。

有一天，她把自己的想法说给她的父母听，但是父母告诉她："我们没有足够的钱帮助你。"为了能自己创业，她向几位老顾客诉说了她的烦恼，没想到一位名叫布拉德的老顾客借给她5万美元的支票。苏菲终于有了自己的创业资金，然而她没有马上就去开餐厅。她想，如果自己立刻开餐厅，由于缺乏经验，赚不到钱甚至还有赔钱的可能，而且自己还欠了别人的钱，用最稳妥的方式还钱比较好。况且梦想虽然重要，不负债前进也是好的，于是她根据股票经纪人的建议购买了石油股票认购权。

没过几个星期，她的账户上就得到了5000美元的赢利。她被这种全新的生财之道给迷住了。从此以后，苏菲开始了投资顾问的生涯，在一家投资顾问公司工作三年后，她开办了属于自己的财务公司，着手打造自己的财富和事业。

苏菲正是对自己有着合理的期望值，没有在借到创业资金时马上投入创业，才有机会走上投资这条道路。所以，能够正确地认识自我，客观地评价自己，才能找准自己的位置。

能否真正认识自我、肯定自我，如何把握自我发展，如何抉择积极或消极的自我意识，将在很大程度上影响或决定一个人的前程与命运。

要想在社会上快速立足并站稳脚跟，就必须对自己有一个全面、深刻的认识。古代希腊德尔菲神庙里的石碑上刻着象征人类最高智慧的神谕："认识你自己。"哲学家老子也说："知人者智，自知者明。"孙子说："知己知彼，百战不殆。"先哲们不断地教导我们认识自己的重要性。全面地认识自己，就是不单单要认清自己的外在，还要了解自己的内在素质。

对自己的期望值有了正确的认识，就能很好地把握自己的生活和工作，只有真正看清自己的人，才可能对一切有着清醒的认知，才能拥有合理的期望值。在追求机遇的路上，合理的期望值尤为重要。

第四节　选择自己的最佳机遇

在开放人才市场之后，每个人都拥有选择职业的机遇了。从宏观的角度来看，整个世界都可以供你选择，各个行业都可以供你取舍，各个领域都可以供你挑选。

一个人如果有真才实学，那么挑选机遇的主动权就掌握在自己手里。

面对机遇，做出最明智的选择

邓亚萍是乒乓球历史上最伟大的女子选手，她5岁开始就跟着父亲学打球，1988年进入国家队，先后获得14次世界冠军头衔；在乒坛世界排名连续8年保持第一，成为唯一蝉联奥运会乒乓球冠军的运动员，并获得4枚奥运会金牌，其中包括单打和双打。

1997年后，邓亚萍先后到清华大学、英国剑桥大学和诺丁汉大学进行深造，并获得英语专业学士学位和中国当代研究专业的硕士学位；2002年邓亚萍担任国际奥委会道德委员会以及运动和环境委员会两个委员会职务；2003年，邓亚萍成为北京奥组委市场开发部的一名工作人员。

从世界冠军和奥运会冠军到英国剑桥大学博士，从北京奥组委市场开发部项目专家到国家体育总局体育器材装备中心主任助理，邓亚萍完成了一次又一次的角色转换，每一次，她都做到最强最好。她仿佛在向人们宣告："没有你做不到的，只有你想不到的。"在一次又一次的执着追求中，邓亚萍延续了她绚丽多彩的人生轨迹。

"我总能找到自己行的理由"，面对过去的辉煌岁月，邓亚萍仍然充满了豪情壮志，"其中的坎坷和艰辛，是没有亲身经历过的人很难体会到的，但我觉得非常值得。从中，我得到了更大的乐趣，也证明了自身的价值"。

还在很小的时候，邓亚萍就有一个梦想——当上世界冠军，那时候，乒乓球还没有列入奥运会比赛项目。从 1988 年开始乒乓球进入奥运会项目中，邓亚萍又有了第二个愿望，拿奥运会冠军。

由于身体矮小，她曾被河南省队拒之门外，后来进入国家队也是一波三折。然而邓亚萍却以自己的实际行动，粉碎了所有人的疑虑，而且创造了获得 18 个世界冠军头衔、连续 8 年在国际乒联女子排名榜上高居第一的奇迹。

1996 年亚特兰大奥运会之后，当时无论是年龄还是球技都处于最佳状态的邓亚萍，竟然不顾各方的竭力挽留，坚决要求退出国家队，到清华大学就读。邓亚萍的这一选择，无疑令世人惊叹不已。就在人们的疑虑中，邓亚萍又代表中国队参加了 1997 年的世乒赛，之后，她坚决地离开了国家队，开始自己新的人生历程。

"我不能一生都生活在世界冠军和奥运冠军的光环下面，"邓亚萍在其后的记者采访时回答说，"当时，我可以有很多选择，就算不留在国家队，也还能够到海外打球，或是利用自身的一些优势去经商赚钱。"

"实际上，当时有不少人就是这样劝我的，觉得我只凭当时的名气就足够吃一辈子了，没必要再费那么大的力气去读书，但这不是我的性格。我在问自己，如果退役后不当教练，而是走向社会的话，我还可以做什么？我还会做什么？这就是我进入高校去读书的原因。"

"经过这些年的学习，我不但学到了很多乒乓球以外的东西，也促进了自身素质的不断提高。"邓亚萍的确是不平凡的，她没有被头上的光环照得头脑发晕，更没有忽略一个人在社会上真正生存的价值。她不但要好好活着，更要有意义地活着。

邓亚萍读学士时学的是英语语言，读硕士时学的是女子体育，读博士时则学起了经济学。

对一个运动员来说，最大的短板是文化基础较差，他们从小就投入到体育竞技与训练之中，几乎没有更多的时间和精力念书。邓亚萍能放弃现有的名人条件，选择重新学习，不能不赞叹她眼界与胸怀的宽广，同时，也再次印证了她那不同寻常的不服输的强者性格。当然，邓亚萍能有今天的成果付出了很多的代价。

在短短的几年的时间里，她眼睛的视力居然从1.5滑落到0.6，期间，她看了多少书，熬了多少夜，可想而知。从英文26个字母认不全到攻读博士学位，邓亚萍付出的努力绝不亚于争夺奥运冠军。这也是当时那么多人劝她不要读书的一个重要原因。"给我一个输的理由"，这是运动员时的邓亚萍的座右铭，为什么要输？是的，为什么要输？没有理由就不能输，就只能赢！读书时的邓亚萍仍旧如此。她用顽强的毅力坚持下来并获得了可喜成绩。就在她读书期间，邓亚萍还在国际奥委会、北京奥组委和国家体育总局都先后担负着不同的工作，并在每一个岗位上都取得出色的成绩。邓亚萍确实很了不起，她是当代女性的骄傲，也是当代女性成功的典范。

从运动员到清华学子，再到剑桥博士，这中间并没有任何的奥秘可言。邓亚萍总结说，最主要的是知道自己要什么，选择最适合自己的机遇。或许同其他同学相比，邓亚萍学习基础是差了一截，可邓亚萍的意志力以及坚韧不拔的气质，却是一般学生不具备的。用邓亚萍的话说，就是每个人都有自己的长处和短处，天赋之外还要看努力与否。"我不比别人聪明，但我能管住自己。我一旦设定了目标，绝不轻易放弃。也许这就是我成功的一个经验。"

对每个人来说，未来的路才刚刚开始，每个人都有重新选择和重新来过的机会，不要说自己不行、做不到，你只需要扪心自问，你肯付出多少，未来的生活永远和你的付出成正比。

学会选择，直面难题

有一个年轻人，从名牌大学毕业后，就在某县政府办公室当秘书。一开始，他对自己的才华和即将从事的工作都很有把握，以为凭自己的能力获得提拔应该是很快的事。然而没过多久，他的信心就开始动摇。由于每天有那么多不顺心、不如意的事情在等着他，令他疲于应付。

有一回，县长安排他写一篇一小时左右的发言稿。考虑到他初来乍到没有经验，县长特意交给他几个曾经用过的发言稿作为参考。

年轻人文思敏捷，毕业前曾在报纸杂志上发表文章多篇。他只用了两天的时间，就写出洋洋洒洒二万多字的发言稿。当他把发言稿递交给县长时，脸上散发出压抑不住的得意。

谁知，县长看完发言稿后，沉默了好一阵子，最后望着年轻人说："你的文笔的确十分优美，一看就有相当的功底，写作速度也很快，这点非常难得！只不过，这篇发言稿讲起来稍稍拗口一点，好像也太长。会上发言的语速要比正常语速慢，大约每分钟不到一百字吧。另外，里面有些观点，事实依据不是太充分，有一定的主观臆断成分。"

虽然县长语气和蔼，没有一丝批评的意思，年轻人还是觉得很没面子。无论县长怎样措辞，他这篇发言稿终究是写失败了。

在写稿时，他根本没想到发言稿是用来讲的，而不是用来阅读的。至于语速什么的，他从头到尾没想过。特别是事实依据这一项，他对各部门的工作流程还不熟，根本不晓得该去哪儿找事实依据。他这时才突然意识到，自己什么都不懂，需要学习的东西太多了。

工作上的不顺心还在其次，最让年轻人烦恼不已的是复杂的人际关系，对于怎样做到不得罪人或者是否已经得罪了人都浑然不觉。他整天提心吊胆、紧张兮兮地应对着一切。

年轻人觉得自己没法在县政府干下去了，跑去找县长，要求下放企业，不然他宁愿辞职。县长问明原因后，毫不客气地说："作为一个刚刚走上工作岗位的新人，有许多需要学习和适应的东西，也会遇到许多难题甚至挫折。你要做的是正视问题，解决问题，而不是逃避问题。难道你换一个工作岗位就没有问题了吗？没有勇敢面对问题的态度，你一样干不好。"

县长一席话，解开了年轻人心头的结。

之后无论做人做事，他都不再过于强调结果，只是抱着一个良好的愿望尽力去做。随着经验的积累，他干得越来越顺手，他的才识和认真负责的态度，也越来越受到领导的重视。几年后，他就被破格提拔重用。

年轻人从开始起步到事业有成，中间尚有若干距离。首先要学会的是选择，以及一旦选择后所要面对的问题，然后抱定打硬仗的心理准备，去面对一切难题。

第五节　行不苟合才有抉择的资格

行不苟合的意思就是做事有主见，不随便附和别人。有些人希望自己可以永远做出正确的选择，结果导致行动上优柔寡断，难以服众。

面对选择，不要优柔寡断

小雪在一家公司担任一个很重要的职位，一直以来她工作很卖力，很投入，成绩突出，所以深受上级的赏识，不断地被提拔并被委以新的重任。刚刚上任，小雪就面临着很多重要的工作，有些是自己从没有接触过的，可她毫不畏惧，十分努力地工作着。她什么事都亲力亲为，生怕事情办不好。

就算这样，有些需要马上做出处理的问题在她案头依然堆积如山，这倒并不是由于她办事效率低造成的，而是有些问题她拿不准主意，希望可以缓一缓，等事态更明朗一些再做决定。

因此，很多需要解决的十万火急的问题就逐渐地在她的案头沉淀下来，老板和同事看她的眼神越来越复杂。大家对她的评价，也渐渐由表扬、欣赏转为办事拖沓、优柔寡断。她为此感到郁闷和烦躁，工作效率也开始下降。毫无疑问，这种情况更加剧了她的担心和恐惧，慢慢地当面对需要解决的问题时，她加倍地感到困难，难以做出正确的抉择。

让小雪感到心理不平衡的是，她办事的出发点是想再缓一缓，观察事情有什么变化再做决定，没想到，大家居然都说她"优柔寡断"。

小雪承认她从不担心会把事情搞糟，但是，有时候她也会担心没有把事情做得更好。

只要发现自己某方面的工作有可能做得不尽人意，她就焦虑不安，犹豫不决，时间一长，还是出现了前怕狼后怕虎的症状，耗尽了工作初期那种"初生牛犊不怕虎"的热情，出现了事业走下坡路的苗头，一连串的生理、心理疾病就不免产生了。

小雪想让事态变得更明朗时再做决定，避免做出错误的决定，原本有一定的道理，然而在瞬息万变的现代社会，机遇是稍纵即逝的，而她在等待与拖延中极有可能白白错过机会。而且，公司的工作有一定流程和安排，她的这种解决问题的方法更容易会产生危机。

在重大抉择面前要有主见与眼光，假如我们在选择面前犹犹豫豫，拖泥带水，就会给人留下一种优柔寡断的印象，轻则影响自己的工作，重则给自己的职业生涯带来难以修补的缺憾。所以在选择面前，一定要敢于做出快速的决断。

学会选择，不要让其他人困住自己前进的脚步。追随你的热情，听从你的心灵，它们将带你到你想要去的地方。

选择与命运抗争

英国剑桥郡的世界第一名女性打击乐独奏家伊芙琳·格兰妮说："从一开始我就决定：一定不要让其他人的观点阻挡我成为一名音乐家的热情。"

她在苏格兰东北部的一个农场出生，从8岁起她就开始学习钢琴。随着年龄的增长，她对音乐的热情与日俱增。

然而不幸的是，她的听力却在逐渐地下降，医生们断定是因为难以康复的神经损伤造成的，而且断定到12岁，她将彻底失去听觉。但是，她对音乐的热爱却从未停止过。

她的目标是成为打击乐独奏家，尽管当时并没有这样一类音乐家。为了演奏，她学会了用自己独有的方式来感受其他人演奏的音乐。她不穿鞋，只穿着长袜演奏，这样她就能透过她的身体和想象感觉到每个音符的震动，她几乎用她所有的感官来感受着她的整个声乐世界。

她决心成为一名音乐家，而不是一名聋的音乐家，接着她向伦敦著名的皇家音乐学院提出了申请。

由于之前从来没有一个耳聋学生提出过申请，所以一些老师反对让她入学。可是她的演奏震撼了所有的老师，她顺利地进入学校就读，而且在毕业时荣获了学院的最高荣誉奖。

从那以后，她的目标就致力于成为一位出色的专职的打击乐独奏家，并且为打击乐独奏谱写和改编了很多乐谱，因为那时几乎没有专为打击乐而谱写的乐谱。

如今，她已经成为一位出色的专职打击乐独奏家了，由于她很早就下了决心，不会仅仅因为医生诊断她完全变聋而放弃追求，医生的诊断并不能阻止她对音乐执着的追求和热爱。

事实证明：伊芙琳·格兰妮做出了正确的选择。假如她是个软弱的人，只是听从医生给她下的结论而不与命运去抗争，那样做不但泯灭了她的音乐才华，人类历史上也会少了一个有名的打击乐演奏家，那样岂不是音乐界的巨大损失吗？

很多人都听说过国王嫁女的故事：

国王有一个美丽的女儿到了出嫁的年龄，国王要为她选择一个勇敢、强壮的勇士做丈夫，于是他想出了一个办法：在一个大水池中放进了许多凶猛的鳄鱼，国王承诺，谁可以从这个池的一边游到对面，谁就能够拥有美丽的公主和无数的黄金珠宝，享受奢华的宫廷生活。

很多人来到了池子的边缘，机遇是现成的摆在那里，选择就有可能得到富贵和公主，但也很可能有被鳄鱼咬伤；但不选择，你的一切都会维持原状，没有什么变化。大家都只是观望着水池而没有行动，突然，只听"扑通"一声后，一个小伙子在池中拼命向前游，众人开始为他的勇敢和投入鼓掌、喝彩，小伙子虽然受了点伤，然而还是登上了对岸，国王兑现了他的承诺。

可是在小伙子心中一直有个未解的谜团，那就是他不知是谁把他踢到了池子里。

小伙子并不是不想要那个机遇，他到选拔的现场，就已经来到了机遇的边缘，可他缺乏选择的勇气和果敢，面对机遇没有做出选择，而此时一个外力和不可抗拒力，使他尽管被动而不是主动地跳进了池子里，他却因此获得了一个全新的明天。

因此，当面对机遇你无法抉择时，如果有坎坷、有绝境、有困难等不可抗拒力和外力"踢你"，你要感激命运对你的青睐，它克服了你的被动、犹豫，使你确定了选择，拥有了明天。

20世纪80年代中国最早的一批个体户发家致富，应该感谢当时社会对他们的歧视；孟子成名要感谢三迁住所的严厉母亲；万科放弃多元化，集中精力搞房地产获得成功，要感谢君安的"逼宫"。

因此，选择就是我们人生最大的挑战。假如你知道怎样选择，就不会错过改变自己人生的机遇。